中国农业大学经济管理学院文化传承系列丛书

农业经济学

许 璇 著

中国农业出版社

北 京

中国农业大学经济管理学院文化传承系列丛书

编委会主任　　辛　贤　尹金辉　司　伟

编委会成员　　李　军　王秀清　冯开文
　　　　　　　　　吕之望

本 书 著 者　　许　璇

凡　　例

1. 统一采用横排简体字版式，原竖排版式中右、左等方向词相应改为上、下。

2. 在编辑整理过程中，对明显的文字排校差错进行必要的订正，疑字、缺字和无法认清的字用"□"标示。

3. 原著中的繁体字、异体字和错别字作统一规范，通用的字、词保持原貌，不作更改。

4. 专著、论文、演讲稿、讲义、书信等标题，都在文末以注释的形式作题解，写作时间、发表时间齐全的文章在文末以括注的形式作题解，时间不详或无考的，按推论发表时间顺序排列。

5. 资料来源于各地和各类档案、图书、报刊、旧志、文物、资料汇编等，一般不注明出处。有些史实资料无法搜集齐全或者难以考证的，保留本来面貌，并在文末予以说明，以待后人查考补正。

6. 原著行文中的历史纪年，1949 年 10 月 1 日中华人民共和国成立前使用历史纪年和民国纪年，涉及其他国家的使用公元纪年；中华人民共和国成立后使用公元纪年。

7. 原著或译著中涉及中国地名、行政区划归属与今不同者，不作更改。原著或译著中涉及外国地名、人名，已译为中文的不作更正，未译为中文的保持原样，不翻译。部分人名、地名、书名在译文后重复的外文原文，大都予以删除。

8. 1945 年以前的原著及 1949 年以前的译著中，台湾、香港皆作为一个单独的地区名出现，除少数地方为避免产生歧义改为"中国台湾""中国香港"外，一般仍保留原样。

9. 为方便读者阅读，原著及译著文献中用中文或阿拉伯数字表示的数据、时间（世纪、年代、年、月、日、时刻）、物理量、约数、概数等统一用阿拉伯数字表示，统计表内的数据统一使用阿拉伯数字，并对原著中的图、表进行标序。

10. 原著或译著中的地名、机构名称、职称、计量单位及币种，一般指当时称谓，仍沿用当时旧称，保持不变。1949 年以后币种不特别指明的均为人民币。1949—1955 年的人民币值，保留原样，未折算成新人民币值。

11. 原著中无标点的，按现行新式标点予以标注，非标准的标点，则适当规范校正。

12. 原著正文和注释中引用外文的，以及译著中未翻译的外文，皆保留原貌，不作翻译。

13. 编者所加注释，标明"编者注"置于页下，并加相应序号。

目　　录

第一章　农业经济学之意义及其范围

　　从前诸学者，多以为农学应分为技术的方面之研究与经济的方面之研究，此两者相为依倚，始得为一种之科学，以构成农学之范围。然农学上关于技术的方面之研究，乃对于农业各部门分别研究，与经济学全异其趣，故学者称为特殊农学（Spezielle Landwirtschaftslehre）。就农业之经济方面论之，亦分为两种：一即将关于农业之经济行为及自此而生之种种关系，视为社会现象，或国民经济现象观察之，并就其与一般社会之经济的关系详加研究，记述或解说其状态，且探究其间所应有之经济原理及法则；其他一种，则就农业经营主体之立场，论述其经营之组成，指导及监督之原则及方法等。前者即普通所称之农业经济学（Agricultural Economics），后者称为农业经营学（Landwirtschaftliche Betriebslehre）。故农业经济学与农业经营学，虽均研究关于农业之经济行为，其研究之客体，有时相同，而后者属于私经济的研究，前者则常从社会的立场或国民经济的立场研究之；故二者各异其研究目的，而其研究之态度及方法，自因之而殊。至学者间有称农业经营学为一般农学（Allgemeine Landwirtschtslehre）者，则因农业经营上之研究，乃亘于农业之各部门，指示其规律及方针，与前所谓特殊农学，就农业之各部门为个别的研究者，大有悬殊，故有是称，但其切当与否，则尚有讨论之余地也。

　　农业经济学与农业经营学之区别，既如上所述，兹更进而说明农业经济学与农政学（Agrar-politik）之异同如下。

　　农政学为应用国民经济学之一分科，其所论者，为农业之社会的方

　　* 本书为商务印书馆 1934 年初版，1947 年三版。

面，常以国民经济为本位，故农政学与农业经济学之界线，最易混淆，然精而察之，其间自有异同。农政学虽亦应用经济学之原理及法则，而其所注重者，在论述农业经济政策之如何树立，如何施行，而示之准则，并就国家所已树立或已施行之政策，详加检讨，衡量得失，定其如何遵循，或如何矫正之标准及方法。农业经济学之目的，则在观察关于农业经济之诸现象而论述之，以探究其间所应有之原理及法则，虽有时涉及于政策上之问题，而此乃为理论的记述之当然的归宿，非以政策的方面为研究之主眼也。

第二章　农业经济学之地位及其发达

农业经济学之意义，前章既述之，顾其在经济学上之地位如何，尚有须加以讨论者。农业经济学为一般经济学之一分科，就关于农业之特殊的经济现象观察之解说之，以探究其间所应有之原理及法则，以与一般经济学大有差违，然一般经济学所指示之原理与法则，仍可通用于农业经济上之诸现象。故农业经济学与一般经济学之关系，恰如一般经济学为总论，农业经济学与工业经济学及商业经济学，同为其各论。学者或以为一般经济学，可称为理论经济学；特殊经济学，可称为实地经济学。由此说，则农业经济学既为特殊经济学之一，似应为实地经济学。然所谓理论经济学者，不能离各时代各国之实际的经济状态，而专为抽象的纯粹理论；所谓实地经济学者，虽多涉及于实际问题，而非能与以具体的解决之方法，其目的在观察实际的经济状态，探求其间所应有之原理及法则。故农业经济学为实地的亦为理论的，其对于一般经济学之地位，非分离而两立者也。

兹更进而略说农业经济学之史的变迁，以示农业经济学之趋向。

农学之发达，亦如他种科学，多仰助于德国诸学者之努力。而在德国农学史上，尤以 Albrecht Thaer 之功绩为最著，故欲说农业之发达次第，应分为 Thaer 以前之农学，与 Thaer 以后之农学而叙述之，较为适当。Thaer 以前之农学，概仅搜集自经验所得之智识，错综成篇，毫无系统，尚不能成为一种之科学。在希腊罗马古时，此种断片的智识，已散见于各种记载中，且有传于今日者。即在欧洲中世时代，亦有与此相同之遗著，而于 15 及 16 世纪，类于家政学之著述，迭有所闻，其中往往包含关于农业之经验的智识，以形成其时代之特色。至 18 世纪官房学（Kameral Wissenschaft）发生，农学的智识，始稍成体系，如耕种或农地之利用，

· 3 ·

农业之经营等，渐有概括的智识。即其他农业之实际家，亦公布关于农事之著述，盖在是时，家政学的色彩，已渐消灭矣。英国在 18 世纪，关于农业之著述，亦对于农学之发达颇有所贡献，如 Arthur Young（1741—1820）之旅行记，述诸国农业之实际状态，尤有农业地理学的价值；然此等事实，尚不足称为农学之大革新。至德国 Thaer 出，始将关于农业之断片智识，镕为一炉，以造成有组织有体系之一种科学，其代表的著述，为合理的农业原论（Grundsatze der Rationellen Landwirtschaft），此书之内容，广涉农业之全体，务期农业成为合理的产业；而其视农业为一种经营，从经济上观察之，俾农业之经济方面与技术方面，同建筑于科学的基础之上，尤足令人注意。盖自 Thaer 出，农学发达史上，始划一新时代矣。

次于 Thaer 而属于德国农学之古典派（Classicism）者，为 Johann Nepomuk von Schwerz（1759—1844），彼虽与 Thaer 同时，而其学问上之立场稍异，以实证为主，颇倾于农业地理学，其研究成绩，虽为 Thaer 之盛名所掩，而其贡献于农学之发达者亦不少。

次于前二者而为著名之农学者，应推 Joh. Heinrich von Thünen（1783—1850）。彼之研究，概注重于农业经营上集约之度，依数学的研究方法，创设农业经营上之理论，并对于经济纯理论上之地租论，大有所贡献。其所著之《孤立国》（Der Isolierte Staat）一书，最有名焉。彼之学说，虽为抽象的数学的，而实以其自身之实验为基础而成之研究方法；虽为假设的，而其研究结果所发表之理论，决非架空之谈，足为实地农学上之指南针。

德国自 Thünen 以后，农学者相继而起，至 Justus von Liebig 出，德国农学，又大进步，彼之农业化学上之研究，其于当时农业技术之改善，贡献最多。即彼以为农业之经营，须常对于土地补给其所必要之养分，以保存土地生产力，俾得永久利用之，养分之补给愈充分，则农业愈得合理的行之；否则，土地渐失其营养力，其结果将惹起经济全体之衰颓，民族之繁荣，亦且为之破灭云。惟 Liebig 为唯理论者（Rationalist），其研究成绩，专重农业之技术方面，虽农业技术之改良，大为彼之学说所促进，而关于经济方面之研究，转为其所压倒。因之德国农业，虽技术方面日以进步，而农业一般之状况及农家经济渐以不振。识者知其病根，在经济方面，于是农学之研究，亦渐趋重于经营问题矣。如 W. Roscher 谓农学由纯自然科学与纯粹的经济学之结合而成。土地之种类、耕作、动物及植物之饲育培养等，属于纯自然科学；生产费、资本及工资、生产品之贩卖、纯收益及土地之价格等，属于纯经济学。其所著关于农业之书籍，亦于经济方面，言之颇详。又如 Goltz 亦主张农业经济方面应加注重，以为经济方面与技术方面之研究，非相辅而行，则农学终不完全，故其著述，于农业经营上理论之阐明，尤三致意焉。

德国农学之发达，既如上述。而所谓农政学者，亦与之同时发展，大扬其光辉，但其内容，不止论究农业之经济的性质，且参酌政治上及军事上之事情，指示国家农业政策之准绳，其范围颇为广泛。如此德国近世之农业经济学，既注重农业经济学，而复以农政学完成之。如 Buchenberger 及 Goltz 等，关于此种之著书，最放异彩，颇足注意焉。

法国之农业经济学与德国异，其主旨在谋农村之繁荣，务使生产者获得充分且有效之智识，以完其业务。所谓农村经济学（L'E'conomie Ruraee）者，其目的在讲究农业诸种要素之关系，应如何调整，或如何统制，俾经营农业者，获得最大之利益，如 Jouzieri 之所述，即此意也。

英国向轻视农业经济，虽在 Arthur Young 时代，关于农业经济之论议颇多，而其后复鲜有所闻。虽间有关于谷物交易之研究，而亦偏于商业方面，其可称为农业经济者，殆如凤毛麟角。然至近时，农业复兴之声，颇耸人听，关于农政及农业经济之论著，亦日见其多，如牛津大学之农业经济研究院（The Agricultural Economic Research Institute），其成绩颇有足观焉。

美国农业经济学之产生，历史较浅，然研究之风甚盛，其趋向颇与法国之农业经济学相似；凡所论议，往往倾于生产方面；而关于谷物市场及价格之研究，亦颇盛行，盖美国农业之特殊事情，使之然也。至其从前所公布之农业经济学诸书，以 Carver 及 Tayler 为最著，近则美国关于农政学之研究，亦颇盛焉。

日本关于农业经济学之研究，近颇盛行，然较之农业技术方面之研究尚瞠乎其后；不过近数年来，比之从前，大有进步耳。

中国今日，关于农业经济之研究，尚在胚胎时代，其极为幼稚，无俟赘言。就现在情形而论，苟欲挽回农业之衰颓，拯救农民之困苦，固应力谋农业技术之改良，以增加其生产；而关于农业经济之研究，尤宜积极进行，广为应用，以期农业之复兴，农民之苏生。顾世之谈农业问题者，往往偏于生产方面，而漠视经济方面，政府对于农业之设施，亦不免凿枘不相入；例如去年[①]之米价问题，既不能预防于先，又无以补救于其后；今年[②]美国棉麦借款之成立，更于农民经济大有影响。其所以致此之原因，固不止一端，而世人不解关于农业经济之理法及其真相，实有以扬其波而张其焰。故对于中国农业，鉴诸既往，预计将来，宜一面力谋农业技术学之发达，一面促进农业经济学之研究，实地应用之，以期农业生产不致有过不足之虞，此则吾人所最宜注意者也。

要而论之，世界各国农业之发达次第，及一切情况，互有异同。农业经济学本以农业为对象，从经济上研究之故，各国农业经济学之内容，不能归诸一律，即在同一国内，亦因时代的关系与著述者之思想及见解不同，而其所研究之范围与论议之主题，亦稍有悬殊。中国农业，自有其特殊之历史地理及社会事情，故中国之农业经济学，固不要故为立异，亦不能强行从同，要在吾人本研究之精神，以期自辟途径耳。惟各国之农业经济学，虽其内容不同，而近十余年来，世界经济情形及农业状况大有变迁，讲农学或经济学者，辄对于农业经济问题，多所论述，故对于农业经济之著书或论文，几如雨后春笋之簇生，而欧美诸国及日本，皆有此种趋向，将来斯学之发达，或可与工业经济学及商业经济学并驾而齐驱。中国农业，既入于世界经济圈中，自不能再作桃园之梦，凡讲求农业经济者，宜外察世界经济之潮流，内审本国农业之状况，研究关于农业经济之原理及法则，以资实地应用，此尤吾人所宜努力者。

---

① 1933 年——编者注

② 1934 年——编者注

第三章 农业之特性

农业与工商业异，自有其多数之特性，凡研究农业经济者，须先了解之；盖农业经济之一般理论，多根据此特性而产生者也。兹列举之如下：

（一）农业上所用之土地与工商业大异其趣

工商业虽亦需用土地，而仅以之充建造房屋及作业场之用，农业则不惟利用土地之最上层，并须利用其生产力而增加之，由此种差异，农业与工业间，遂有种种不同之点，兹再分别言之：

（1）农业受土地性质之影响特大

兹所谓土地之性质者，包括作用于土地之气象上要素而言，故如气候之寒暖，降下物之种类多寡及分配，以至土地之肥瘠、干湿、轻重、形状、位置等，皆足左右农业生产之方向。近时科学进步，技术改良，人力得支配自然力之程度，因较之往时为高，然能变化既定之天然条件，令其完全适合于农业生产，其范围尚非广大，虽土地之化学的与物理的性质，得利用技术改良之，然亦非易事，而如气候殆不能以人力左右之，故谓农业生产技术上之效用，殆全为自然的状况所支配，非过言也。工业虽亦有时受气候土质等之影响，然比之农业，决不能同日而论。

（2）农业上所需之地面较广

农业虽亦能增培养地力，增加栽培次数，将同一面积利用之，至于二倍或三倍，然此只能增大利用之程度及度数，以视工商业得增加房屋之层数，利用一定之面积至于数倍或十余倍，大有霄壤之别。且工业及商业，对于一定地区内投下资本，可无限制，自土地上观之，其利用至为节约。农业则视其所投下之资本额，所需土地面积，须较为广大。故农业生产虽可增加，而其经济的利用之范围，自有极限。一至于极限，若欲再投下资本，增加生产，势不得不别求土地。Wolf 以农业为水平经济，工业为垂直经济，盖有故也。

农业有此特性，故农业为分散的与工业之为集中的大殊。虽工业亦渐有分散之倾向，而大都会益以膨胀，仍不失为集中的。农业中如园艺虽亦有集中之倾向，而其他农业概为分散的。近世经济界企业集中及资本集中之趋势，日益显著，而农业鲜有此现象。大经营与小经营，得以并存于农业界，而如 Trust、Cartel 等不发达于农业界，职是故也。

（3）农业之作业多对于土地行之

农业利用土地而为生产。土地四周之要素，影响于农业虽多，而此等要素，须借土地为媒介，始完其效用。栽培作物为农业之本体，如选种整地播种施肥中耕及其他操作以至于收获，虽种种作业不同，而其大部分悉对于土地行之，即如土地改良，亦莫非对于土地行之。工商业虽亦以土地为场所，而其一切业务，殆全离土地而行之，此亦为农业与工商业之根本上异点。

（4）农业上之土地资本最为主要

在工商业方面，固定资本及流动资本之总额普通较土地资本遥多，时有达于数十倍或数百倍者，农业则大殊其趣，固定及流动资本达于土地资本之数倍者甚鲜，且有时土地资本之额，反胜于固定资本及流动资本之总额。近时农业生产之技术进步，农业金融之制度改良，固定及流动资本，固渐增其成数，而比之工商业，则尚瞠乎其后焉。

（5）农业受收益渐减法则之支配

农业既依土地行之，而土地有收益渐减法则（Law of Diminishing Returns）之作用，故农业大受此法则之支配，因之农业为土地面积及生产力所限制，而不能随意增加其收量。论者或以为收益渐减之法则，非限于土地行之。工商业虽概受收益渐增法则（Law of Increasing Returns）之惠，而超于一定限度时，亦不免受收益渐减法则之支配，故不得以收益渐减法则为农业之特性云。然工业受天然力之支配至微，且工业技术进步甚速，应用之范围至广，工业的制品之需要增加率，亦较农产物之需要增加率为大。故工业受收益渐增法则之惠特多；农工虽亦因技术进步，收益渐增法则之范围，渐以扩大，而农业受天然力之支配最多，故收益渐减法则之作用，农业最蒙其压迫，故以为农业之一种特性。农业有此特性，因之所谓粮食问题，土地问题，人口问题，及其他社会问题，遂相继发生。

（二）农业生产为定期的

工业之生产，循环不已，不受季节之限制，农业则播种施肥中耕除草等，以至于收获，各有一定时期，即如家畜之饲养及管理，亦因季节而异其作业之种类。如此农业之生产，为季节的，一年之间，遂大有繁闲之差。因之农业上所用之劳力，不能通各季节平均分配之，不惟其利用之程度不高，其效率亦大为减少。工业上虽非无为季节者，然其作业之继续或休止，均听经营之自由处置，农业则不能享此种便利，农业上种种问题，遂因此而益纠纷矣。

（三）农业上之作业场所常行转换

工业上之生产，虽有时自此器械移于彼器械行之，而其器械大抵占一定不变之位置，工人亦概不变其位置，而得继续同一之作业，虽位置偶有变更，而其作业仍多不出同一之径路。农业则如播种施肥中耕及收获等，此区甫终，即须移至彼区，即在同一作业，常转换其场所，器械不用时，常置之一定场所，一旦用之，则须随时运搬，此地彼地，输转无定。故农业上器械之利用，不易完其效用，在广大之农场中，往往见有少数之劳动者，散布于各处，而且甲乙丙丁各区，常移动其位置，故农场管理比之工场管理，其难易实判若天渊。

（四）农业上使用机械之范围较狭

自机械发明以来，其使用之范围日广，效率亦渐以增加，此实为18

世纪后半期产业革命之最大原因，现在世界工业所以日臻隆盛者，亦即为机械之赐。农业之生产，既有一定时期，同一之作业，自不能继续行之，故供于一作业之器械，使用日数，每年不过数十日，即当使用时，亦未必常无间断，故凡价贵而精巧之机械，不易使用于农业。近时欧美诸国之农业，使用机械渐多，农用机械之依蒸气电气及其他发动力而运转者，数亦不少；如苏俄及美国之农业机械化，尤为显著。然农业机械虽亦可节时间省劳力，大增生产上之效果；然其精巧之度与能率，较之工业制造上之诸种机械，仍多逊色。其可以使用之范围，亦不能与工业机械同日而语。我国今日农具，尚为数百年或数千年前之遗物，虽农具改革之声，时有所闻，而农业机械之使用，殆如沧海一粟，或归咎于农民之墨守成法，不知改进，固言之成理，而不知农业特性，实为阻止机械发达之一因。近来亦有倡言中国农业宜为机械化者，自有相当之理由，然中国疆域辽阔，各地方之农业状况不同，若不论何地，皆可使用机械，则甚觉其难，即欲使用之，其范围绝不如工业之广。

（五）农业上分业难行

工业制品之生产过程，辄分为若干部分，各部分由别个之人担任之，故一工人之操作，至为单纯，易臻于熟练，机械工业所以极其隆盛者，即在乎是。一国之农业，虽亦因气候土质之不同，各地方间，似有分业之观，而在同一经营内，其分业殆不能行。例如今日播种，隔数日施肥，又隔数日中耕，辄以同一之人任之，不能以一人专行一种之操作。如是农业劳动，分业难行，又不规则，故农夫非经长年月之辛勤，则不能谙达其业务。且一人又须遍历错杂无常之作业，其熟练更非易事。农业技术不如工业技术之易于发达，此亦为其一因。

（六）农业为保守的

农业之改良进步，远不如工商业之速，世之论者，辄归咎于农民之无智识，然此亦为农业之特性所使然，非一朝一夕之故也。自产业革命以来，农业生产技术，固亦随时代之文明，而渐以革新，然现在世界各国农业，仍不能与工商业并驾齐驱。盖农业受自然力之支配最大，虽欲采行新法，而因气候土质之相违，必须经过长年月之试验始克推广之，故农业生产技术之进步，需时较久。且现在经济组织，概为资本主义的，而农业之本来性质实与现在经济组织有两相凿枘之处，农业既不能超出经济圈，而又不易适应经济界之潮流随之变迁，此农业经济问题所以日益纷纠，而不易解决也。

惟有宜注意者，农业富于保守的精神，固为农业进步之一障碍，而农业虽至衰颓时期，尚能屹然自立，不如工商业之兴衰无常瞬息万变者，亦此种特性有以维系之也。

第四章　最近世界各国农业状况之变迁

　　自 18 世纪中叶以来，世界各国经济思潮，如日方升，经济界大生变动。英国产业革命，树厥先声，资本主义之运动，传播于德法诸国，继及于美国，更渡太平洋而达于日本，以促成各国之产业革命。于是地方市场，变为世界市场，国民经济生活，亦向世界经济生活而转化。故现在世界，无论何国，皆不能再保持从前之自足经济，而与世界经济之关系，益以复杂。我国今日，既为列强之逐鹿地，国际贸易，渐以发达，工商业无论已，即号称"有地方性"之农业，亦且卷入世界经济圈内，而不能故步自封。且从前世界各国中，所谓农业问题者，大抵以一国为范围，而今则农业问题，已扩为世界问题。世界经济会议（World Economic Conference），且涉及农业问题；例如今年①六月开于伦敦之世界经济会议，曾举行小麦会议（Wheat Conference）是也。故现在研究农业经济问题者，宜略知世界经济之趋势，尤宜对于世界各国之农业状况，究明其真相，互相比照，以期确定一国农业经济上之指示方针及解决方策。顾各国之农业状况，互有异同，倘欲穷源究委，详细叙述，势有难能。兹惟就最近各国农业状况之变迁，略示其大概，以供参考。

　　欧洲自封建制度破坏后，一面因布尔乔亚革命（Bourgeois Revolution）之遂行，生产关系与前大异。农业之经营方法，自三圃农法进而为轮栽农法，以至于随意农法，耕作既日以改良，收量自然大增，且应市场之需要，农业之专门化益以显著；一面又因近代的自然科学应用于农业，数千年来墨守成法之农业，至是一新其耳目。故自世界全体上观之，19 世纪以后，

---

　　① 1934 年——编者注

农业生产量，比之 19 世纪以前，大有增加，然从经济的立场观察之，则农业因对于社会经济全般之关系及对于他种产业之关系，农业之地位，在现在文明国中，确有渐趋低下之势。概而言之，资本主义愈发达之旧文明国，农业衰退之趋向，益以显著。如英国为资本主义之祖国，其农业之衰退亦最早，至新开国及资本主义未充分发达之旧国，则农业衰退之现象尚少，如美国、加拿大、澳洲及阿根廷等之新开国，丹麦、比利时等之旧国，即其例也。

农业经济之现状及其趋势，固视各国或各地方之种种事情而殊，概而言之，自资本主义发展，农业渐为商工业所压迫，延而发生农民穷乏，农村疲敝之现象，此实为不可争之事实。近时所谓农民问题及农村问题，喧腾于世界各国者，职是故也。更有最足令吾人注意者，农业繁荣难而衰落易，一遇经济现象及其他事情之变迁，辄大受其影响，所谓农业恐慌（Agricultural Crisis）者，近百余年来，已数次发生：即①起于拿破仑战争后，②起于 1875 至 1900 年间，③起于 1920 至 1923 年间，④即起于 1929 年秋延至今日而尚未恢复者也。惟拿破仑战争后之农业恐慌，仅及于欧洲诸国；1875 至 1900 年间之农业恐慌，则因新开地之廉价的谷物，滔滔乎流入欧洲，遂酿成农业上之大问题，然其范围，亦仅止于欧洲诸国，而在新开国农业，转日趋于繁荣，故此次恐慌尚无世界性；至欧战后之农业恐慌，则较前二者大殊其趣，据 B. R. Enfield 之所记述（见 The Agricultural Crisis 1920—1923），自 1914 年欧战开始以来，英国农产物价格渐次腾贵，虽至 1918 年秋平和恢复后，尚继续上升，至 1920 年秋间，忽然下落，其势不可遏，战时农业界之繁荣遂以中止，过去十年间所有食料生产增加之计划及其效果，均付之东流，农业经营复入于粗放，农村亦以荒废，所谓颓废之农村（Deserted Village），到处有之。且此次恐慌，不止为英国之特殊现象，美国、加拿大、印度、日本、瑞典、挪威、丹麦及其他交战诸国，均罹此厄，盖此次恐慌，已为全世界的经济现象矣。

自 1924 年以后，世界经济现象，渐有复兴之趋向，农产物价格，亦渐趋于安定。而 1929 年 10 月，纽约股票交易所，忽因空前之大投机，惹起金融恐慌，影响所及，几遍全球，国际经济恐慌，遂日以发展，农产物价格，亦同时下落，再演农业恐慌之惨剧，而于谷物为尤著。今据万国农会所编《一九三〇至三一年农业状况》（The Agricultural Situation in 1930—1931）之所载，示谷类之价格指数如表 4-1。

表 4-1

谷类	1926	1927	1928	1929	1930（上半期）	1930（下半期）	1931（上半期）
小麦	100	87	83	9	72	54	43
黑麦	100	116	117	99	65	50	40
大麦	100	123	123	103	75	58	54
燕麦	100	115	130	114	91	68	59
玉蜀黎	100	105	137	130	95	82	62

备考：本表价格指数，系根据世界主要谷类市场之价格算出，以 1926 年之价格指数为 100。

由表 4-1 观之，可知谷物之价格，自 1929 年以来，渐以低下，至 1931 年上半期，更形惨落，而于小麦及黑麦为尤甚。

1929 年以来之农业恐慌，世界各国，除苏俄外，皆坠于一大旋涡中，不能幸免，而于美国此种现象为最著。美国自 1929 年秋，农业恐慌，即肇其端，1929 年 8 月，农产物价格尚较高，自是以后，其价格遂续跌不已，至 1932 年 6 月，达于最低额。据美国农务部所发表之价格指数，仅为战前之价格水准之 52％云（兹所谓价格指数者，为农民自己收入之价格指数）。农产物价格既惨落，农民之总收入，自然大减，试与 1929 年之价格水准一一比较之，当更明了。兹据《世界经济》月刊之所载，表示农民之支出价格指数与收入价格指数如表 4-2。

表 4-2

年　月	（A）支出价格指数	（B）收入价格指数	（B）对（A）之比率％
1929	155	138	89
1930	146	117	80
1931	126	80	63
1932（6 月）	110	52	48
1932（7 月）	109	57	53
1932（8 月）	108	59	54
1932（9 月）	106	59	56

备考：本表价格指数，以 1913 至 1914 年为 100。

由表 4-2 观之，农产物价格自 1929 年之 138，陆继跌落，1932 年 6 月竟降至于 52。而在同期间内，农民为家计及生产的需用，所购入之工业品价格，虽亦大跌，然仅自 155 降至 110，较之农产物价格之低落遥为迟缓。由此可知农产物之购买力（Purchasing Power）自 1929 年之 89，降为 1932 年 6 月之 48，其激减之程度为何如也。

美国农产物价格之下落，以谷物及棉花为最甚，即谷物价格指数，1929 年为 145，1932 年仅为 44，棉花之价格指数，则在同期间内，自 145 降至 37，激减更甚，家畜及肉之价格指数，在同期间内，亦自 156 降至 57，惟果实及蔬菜类之价格下落，较为缓和耳。

美国农产物之贩卖恐慌（Absatzkrise），尤为显著，其输出之大减少，最足表示之。据美国农务部所调查之输出指数，1918—1919 年为 145，1926—1927 年为 136，1928—1929 年为 117，1930—1931 年为 90，即美国自欧战后，输出已渐次减少，至此次农业恐慌发生后，其势更烈，至 1932 年上半期益甚，兹表示如表 4-3。

表 4-3

品目	1930（上半期）	1930（下半期）	1931（上半期）	1931（下半期）	1932（上半期）
动物性食料品	106.8	80.1	67.1	50.5	36.1
植物性食料品	160.9	192.7	117.4	139.0	91.1
烟草类	62.1	96.1	56.4	63.1	31.0
棉花	220.0	276.6	148.0	177.6	161.6

备考：本表数字单位为百万美金。

美国为世界中农业最发达之一国，而此次农业恐慌与经济恐慌同时爆发，历四年之久，尚未克服，其余诸国农业恐慌之严重，可不烦言而自解矣。顾农业状态，究竟至如何程度，始称为农业恐慌，则诸学者颇岐其说。Conrad 谓农业恐慌，乃因纯收益异常增加与地价异常腾贵之反动，惹起纯收益之低下与信用之缺乏，大多数农民，危胁其经济的生存之一国经济状态也。Schullen Schratten Hofen 谓农业恐慌，为农业上急现之病态，最初农业制度及经营为之激变，继成为慢性状态，惹起一般情况之永久的变革者也。美国诸书报，往往以农业衰落（Agricultural Depression）之语，表示农业恐慌，而未与以明确之概念。Sering 则限定其意义，谓农业恐慌为一种价格构成状态，此价格构成状态足使多数农民，因经济上之损失，失其农场，终至农村荒废也。此说较为切当，盖市场价格低落至平均生产费以下，为资本主义的生产恐慌之特征，而价格之如何构成，对于农家经济实与以最重大之影响。故价格构成状态与农业恐慌有不可离之关系。简而言之，农产物价格低落至远在生产费以下，因之惹起大多数农家经济之破产，此种现象，称为农业恐慌，如此解释，较为简明。

至农业恐慌之原因若何，颇为有趣味之问题，而讲究农业经济者，尤不可忽视。惟近来经济学者及农业经济学者，对于农业恐慌之原因，众说纷纭，莫衷一事，欲缕举之，势有难能，兹将诸学者之见解，区为数种如下：

（一）以农民之资本主义精神之发展为农业恐慌之原因

倡此说者，为 Ritter，彼谓世人以为农业恐慌，由于货币价格之变动，或由于农产物及工业品之产额比率之变化，或由世界各部分之购买力之推移。凡此诸说，皆不足说明现在农业恐慌之真因，欲从根本上究明此现象，宜考察农民之心的状态，盖农民之心的状态，非一定不移，而其心的变化，由于资本主义之精神，渐灌输于其脑筋中，每日所孜孜不倦者，但求获得最大之利润，故农民既为此冲动力所推进，直欲打破收获迅减之法则，其所恃为武器者，农业资本也。如此世界之农业生产，大为增加，因之酿成过剩生产（Over Production）之现象云。惟世界谷物生产之增加，较输之世界人口之增加稍迟，而谷物价格之暴落（小麦尤甚），惹起今日世界之农业恐慌，此为矛盾之一点。Ritter 则以为文明国之国民营养物，渐自谷物移于蔬菜及肉类，谷物需要量因以减少，故小麦尚相对的过剩云。

（二）以农产物需要减退为农业恐慌之原因

主张此说者，有谓农产物之需要绝对的减少者，有谓农产物之需要应其种类而变化者。如 Sering 最初以欧洲对于农产物之需要减退，为农业恐慌之原因；而以失业者之增多，资本利息之上腾，租税负担之增加，外债负担之繁重，为农产物需要减退之原因。Dietze 以为农业恐慌之发生，有内部的原因与外部的原因，而以欧战后世界诸国购买力之减退，属于后者，颇赞同 Sering 之说，嗣 Sering 稍修正其说，以为农业技术之进步，亦为一原因，1925 年以后，谷物价格之下落，其原因在南美及北美之过剩生产，畜产市场之价格下落，其原因在中部欧洲之购买力减退云。至以农产物需要，因其种类而推移，为农业恐慌之原因者，则谓自生活标准增高，谷物之需要减少。畜产品蔬菜等之需要增加，故谷物生产相对的过剩，惹起农业恐慌云。

　　Courtin 及 Fromont 之所论，则与此稍异其趣。以为今日之农业恐慌，在农产物价格之下落，尤在农产物价格比之工业品价格之相对的下落。而农产物价格何以比之工业品价格下落更甚，不能从生产方面说明之。盖据美国及其他诸国之生产统计，农业生产量指数，较之工业生产量指数遥低，而据诸国统计之所示，农产物价格指数，则较之工业品价格指数遥低，故农产物价格与工业品价格间所以发生差异者，不得不于需要方面求其原因。工业品虽有生产用品与生活用品之殊，而需要之弹性（Elasticity）大，若国民之所得增加，则对于工业品之需要，自可无限增加；而对于农产品之需要，则乏于弹性，食物之需要，虽因各地方或各人而殊，而概为胃肠之消化力所限制，因之各人对于农产物之需要，仅能于狭小的范围内变动之，故社会对于农产物之总需要量，惟随需要者之数而递为增减，人口之变化，确为左右农产物需要之唯一要素。而农产物之生产量，虽较工业品之生产量为少，而农产物价格，反低于工业品价格者，则因农产物足充人口增加所生之需要，而工业品需要增加之原因，非专在于人口增加，例如各人之收入增加，其对于工业品之需要，亦随之增加也。至农产物中，谷物之价格，比之他种高价的食料品之价格为低者，则因生活标准之上升，对于高价的食料品之需要，相对的增高故也。征之各国之谷物消费量统计，虽每人之谷物消费量，因国而殊，而因生活标准之上升，需要减退，确有此现象，示之如表 4-4 ［单位为百磅（Doppelzentner）］。

表 4-4

国别	1909—1913	1923—1927
欧洲西部	2.30	2.00
美国	1.88	1.65
澳洲	2.45	2.12
欧洲东南部	1.82	1.93
阿根廷	1.90	2.04

（三）以农产物生产过剩为农业恐慌之原因

最初诸学者，以为农业恐慌之原因，在于农产物之需要减退，后乃以农业技术之进步为其原因，如 Sering，Dietze，Strakosch，Jasny，Studensky 等，虽所言稍有异，而皆赞成此说。1928 年秋以来，谷价下落之倾向渐著，至 1930 年夏而益甚，Sering 初以为此系 1928 年世界的丰收之故，嗣以 1929 年世界的收获虽稍减少，而谷价更跌，小麦尤甚，Sering 详为研究，以为谷价下落，由于美国、加拿大、阿根廷、澳洲等农业技术进步，生产大增，如拖拉机（Tractor）、联合收割机（Combine）之使用，尤足促进此势。Studensky 及 Jasny 亦谓农业机械化为农业恐慌之要因，例如用马耕耘时，每一英亩，须费美金 3～4 元，用拖拉机（Tractor）时，仅费美金 1.5 元，用联合收割机（Combine）时，小麦一蒲式耳（Bushel）之收获费用，比之从前之收获方法，得节约 15％至 30％之费用，故农业机械之使用日多，栽培面积亦随以扩张，美国、阿根廷、加拿大、澳洲之小麦栽培面积，若以 1921—1925 年之平均数为 100，则 1926 年为 102.9，1927 年为 105.3，1928 年为 109.2，1929 年为 112.4，如此小麦之栽培面积渐增，故小麦之生产至于过剩，其每年之世界保有量亦益多。而一面因机械之用途日广，从前用于耕耘之马，悉为之驱逐，饲料之需要随之大减，故生产益以过剩云。

（四）以货币价值变动为农业恐慌之原因

主张此说者，以 B. R. Enfield 为最著，当欧战后，农业恐慌遍及世界，彼曾著《The Agricultural Crisis 1920—1923》一书，详论恐慌之原因，大致谓货币问题，虽似与农业问题无关，而实为此次农业恐慌之根本原因。开战以来，农产物价格腾贵甚速者，由于需要之超于供给，若谓1920—1923 年之价格暴落，其原因在农产物之过剩，殊为谬论；盖对照物价指数之变动与农产物数量之增减，可以证明之也。故此次农业恐慌，不得专以需要与供给之理论说明之，应于决定一般物价腾落之经济的要素，求其原因，即通货之膨胀与收缩是也。盖在 1913—1920 年，农产物之价格腾贵，为通货膨胀（Inflation）之现象，1920—1923 年农产物价格之下落，为通货紧缩（Deflation）之现象。至此次恐慌之范围，本不限于农业，而农业恐慌较著者，则因物价下落时，农产物价格与农产物以外之商品价格，失其均衡，农产物之购买力，比之一般商品之购买力遥低，农业上益形其困难也。惟此原为农业恐慌之一般原因，而英国特为显著者，盖英国变更通货紧缩之政策，为时过晚也。即英国政府于欧战后，锐意谋恢复战前之金镑标准，故自 1920 年 4 月以来，英伦银行之贴现率（Rate of Interest Charged in Discounting）高至 7%，至 1922 年 7 月始渐降至 3%，一般物价乃以安定，而其先急于金镑标准价之恢复，本欲借以安定物价，而反增进恐慌之程度，此实为金融政策之错误云。

最近诸学者，说明农业恐慌与货币情形之关系者亦不鲜，盖自欧战以后，世界各国间，金之分布状态，渐生变化，而大部分之金，遂集积于美法两国，即美法两国金之所有额对于世界货币用金之总额，1925 年末为 52%，以后稍有变迁，至 1929 年末为 53%，1930 年末为 57%，1931 年 6 月末更增至 59%，且美法两国金标准额对于银行券流通额之比例，较之他国遥高，即自 1928 年以来，美法金之准备额，几与钞票流动额相等，或有时超过之，于是世界中金之偏在（Maldistribution of Gold）与金之不生产（Sterilization）之现象，益以显著。美法以外之金本位国，患金之缺乏，不得不取通货紧缩之手段。而金之价格腾贵，遂酿成物价低落，世界恐慌之现象，农业方面所蒙损失更大。故农业恐慌与货币情况之如何，至有关系。

综观以上所述，亦可略知农业恐慌之原因矣。惟第一说之论据，尚未明确，第四说固言之成理，而有反驳之者，今尚在论争中，至第二说所谓需要减少，第三说所谓生产过剩，殆为世人所公认。然所谓需要减少与生产过剩是相对的，非绝对的。假使需要不减少，或且增加，则生产虽渐有增加，亦决无过剩之患。而所以发生生产过剩之现象者，实由于生产与消费之不均衡，此则最宜注意者也。且 1929 年来之农业恐慌与一般经济恐慌，互相关联。据《国际联盟统年报》（1931—1932）之所示，世界各国之批发价格指数（General Indixes of Wholesale Prices），若以 1913 年为基础年度计算之，则自 1921 年以来，变迁较小，而至 1929 年终，渐以下落，1931 年各国之批发价格更大跌，即此足征世界恐慌之严重。至一般经济恐慌与农业恐慌，孰为因，孰为果，虽难确言，而工商业恐慌增进农业恐慌，农业恐慌亦扩大工商业恐慌，则为诸学者所公认。故此次农业恐慌之原因，错综纷糅，未可专从一方面解说之。近数年间，各国政府及国际农业会议，虽对于农业恐慌之对策，非常努力，而尚未解决，亦其恐慌之程度过深使之然也。

至农业恐慌何以较工商业恐慌更为严重，则应于农业方面，研求其原因。

第五章　农业土地

第一节　土地之经济的性质

土地在农业经营要素中，占最重要之地位，而其主要之性能有三种：即① 支持力（Trag-barkeit），② 可耕力（Baufähigkeit），③ 培养力（Nährfähigkeit），是也。

支持力，即土地负载物体之力。农业上利用此支持力者，非仅如商工业，借以安置物体，并须扩大其面积，以充作物生育之场所，今日地球上平地之大部分，多为农地所占领，职是故也。

土地之可耕力，即使作物得以生长之物理的性能也。土地之可耕力愈大者，其在农业经营上之价值亦愈高，否则反之。

土地之培养力，即对于作物供给养分之能力也。近来肥培之技术，非常进步，土地虽乏于养分，而栽培者若能随时补给养分，则使瘠土适于农耕，非不可能，然土地若原来绝无养分，而欲供给作物所需之养分全部，势亦难能，故培养力之大小，与农业经营，至有关系。

以上所述土地之性能，系从技术上观察之，至土地之经济的性能，在农业上亦极为重要，略述如下：

（一）土地有自然的独占性

就土地之面积论之，地球上陆地之部分，既有限制，则吾人所得利用之农地或宅地，其面积亦为自然所束缚，不能任意增减之。就土地之位置而言，亦为自然所限定，不能任意变更之。此二者即表示土地之自然的独占性。惟土地位置之关系，有为地理的者，有为经济的者，地理的位置既定，则附随于此之温度、湿度及光线等，亦有一定之状态，殆不得任意变更之；经济的位置虽原来依地理的位置而定，而二者决不可混同，盖经济的位置，本非天然物，从经济状态之变迁，其意义自随之而殊也。然经济的位置之移动，虽可缓和自地理的位置所生之障碍，而地理的位置既固定不移，势不能举经济未发达地方之土地，移至经济已发达之地方，以增其效用。故从大体上观之，土地之位置，仍多为自然所控制，如上所述，土地有自然的独占性，可以明矣。惟严格的言之，此种性质，非土地所专有，土地以外之经济财（Economic Goods），其存在量有限于一部分者，有不然者，即就再生产（Reproduction）而言，有易者，有难者，且在各种资本中，亦有同一现象。故将土地与普通经济财及资本，强为区分，似非适当，然从大体上观察之，土地之面积及位置，既为自然所限制，不竭以人力变更之，此实为土地之一种特性，故土地与普通经济财之区别，虽仅为程度问题，而学术上对于土地与以特殊地位，以之与普通资本分别研究，较为便利，而于农业经济学上为尤然。

（二）土地得永久使用

从前经济学者，多谓土地有不可毁坏力（Indestructible Power），以之为土地之一种之特性，如 Ricardo 之地租论，即以是为基础而立说者也。然若就土地之天然的生产力论之，土地决非不可毁坏的，盖土地之天然生产力，从其生产次数之增加，渐以消耗，或至于枯竭也。Liebig 关于此点，研究最精，兹撮述其要点如下：①植物必摄取一定之矿物性养分，以养分即土地中所含有之成分；②土地中所含有之成分，每收获一次，辄生变化；③耕耘土地至一定年期后，其沃度（Fertility）必减少；④土地屡经耕作，而因不补充养分，至于硗确时，则当放置数年，以恢复其养分；⑤在不含有矿物质养分之土地，虽长期放置之，亦不得使之肥沃；⑥若望土地当保持其沃度，则须于适当时期施用肥料，以补充其养分。

由上所述，Liebig 之说，就土地之生产力或沃度论之，不得谓土地有不可毁坏力，似土地与他种资本，根本上并无区别，然土地之面积与位置为自然所限制，就此点观察之，土地为不可毁坏的，虽天灾地变，有时足使土地消灭，而此为偶然之事，若欲以人力毁坏之，则事属至难，故谓土地得永久使用，当无不可，因之将土地与普通资本区别之，亦非不合理。

（三）土地为自然物

从前经济学者，多谓土地为自然物，普通所谓资本，则概由人造而成，故土地之本质上，与普通资本异。然此二者之区别，亦非绝对的，普通资本虽可称为人造而成，而人之所得生产者，仅为财货之效用（Utility），普通资本，即人就天然的存在之物质，加以劳力而成之者也。土地虽原为自然物，而在现在土地之大部分，已非原始的状态，经数百千年之人为的施设，渐为资本化（Capitalization），故土地与普通资本，似无所异，然若谓现在土地所有之性能，全为人为之结果，则又不可；盖土地虽多加以人力，而其原始的性能，仍然存在，土地之天然的肥沃者，今尚较为肥沃，土地之天然的瘠薄者，今尚较为瘠薄，人力虽能于一定范围内，变化土地之天然性，而绝不能排除天然创造土地之性能。故现在农地，非纯然的自然物，亦非纯然的人造物，即自然与人为互相融合而成今日之农地。惟普通资本之成立，仰助于人为者较多，土地则就其面积位置等之种种关系，广为考察之，其天然的性能，占优越之地位，故以土地与普通资本分离而论述之，绝非不适当。

第二节　收益渐减法则

农业受收益渐减法则（Law of Diminishing Returns）之支配，前既述之矣；惟此法则之意义若何？因有此法则，土地利用上究有如何之现象？试说明之如下：

在一定面积之土地上经营农业时，若资本及劳力之用量渐次增加，则收获应渐次增加，但收获之增加，不能与资本及劳力用量之增加，保其同一之比例，资本及劳力之用量，至一定限度后，收获增加之比例，渐以减少，此之谓收益渐减法则。此法则非必限于农业，而于土地之利用上为最显著，故一称土地法则（Law of Soil）。兹举一例表示之。

今假定对于一定面积之水田，将资本与劳力之用量，适宜配合之，定其用量之单位，渐次投下，依此而生之收获增减之状态如表 5-1。

表 5-1

资本劳力之单位	1	5	10	15	20	25	30	35	40	45	50	55	60
米收获量（升）	0	5	30	75	110	150	165	175	180	190	200	200	200
对于每单位之收获量（升）	0	1	3	5	5.5	6	5.5	5	4.5	4.2	4	3.6	3.3

由表 5-1 观之，就总收获量而言，资本及劳力之用量，投下至 50 单位时，收获量为 2 石，即此时举最大之总收量（Greatest Gross Yield），自此以后，虽再增加资本及劳力之用量，收量不增加，其所增加之资本及劳力，全归无用。而就一单位之平均收量观之，则资本及劳力之用量，投下至 25 单位时，对于每单位之收量为 6 升，即此时举最大限界之利益（Greatest Marginal Profit），由此可知资本及劳力之用量渐增时，其初亦适用收益渐增之法则（Law of Increasing Returns），至投下 25 单位时为止，自此以后，则受收益渐减法则之支配矣。

更就表 5-2 所示研究之，经营农业者投下资本及劳力之用量，究以 25 单位或 50 单位为最有利，此则视各种情形之如何，不能一概而论，试略说之如下：

今假定某农人经营水田，其土地不要出费而得使用之，资本及劳力亦不要出费，而得任量使用之，则彼无顾虑其费用之必要，或将极力行集约经营，对于土地如表 5-2 所示，以 50 单位之用量，举最大之收益。但此时彼之目的，既在举最大之总收益量，其利益又当视土地之使用量而殊，若土地在表 5-2 所示之一定面积（假定为一亩）外，尚可尽量使用之，则应对于各地区（每区面积各为一亩），各投下 50 单位之资本及劳力，以举最有利之成绩；而若彼所得使用之土地仅有一亩，其所得使用之资本及劳力，亦有限制，则其限制在 50 单位以下时，彼应以全部使用之为有利；

倘在 50 单位以上时，则彼应只使用 50 单位之资本及劳力于一亩土地，而
不要再用其余，较为得策。又若资本及劳力之用量有限制，而土地不止一
亩，则土地与资本及劳力之配合，宜以最大利益为目的而行之，而其配合
之状态，虽应视土地之生产力与资本劳力之单位数而殊，而若各区土地之
生产力相同，其收获量亦如表 5-2 所示，绝无差异，则二区间最有利的配
合之状态应如何，宜分别考究之。

（1）资本及劳力用量在 25 单位以下时，则可择一区投下其资本及劳
力之全部，以举最大之收量。

（2）资本及劳力用量在 25 单位以上时，得依表 5-2 之配合状态观
察之。

表 5-2

甲区		乙区		合计	
投下单位数	收获量	投下单位数	收获量	投下单位数	收获量
15	75	10	30	25	105
20	110	5	5	25	115
25	150	0	0	25	150
15	75	15	75	30	150
20	110	10	30	30	140
25	150	5	5	30	155
30	165	0	0	30	165
20	110	15	75	35	185
25	150	10	30	35	180
30	165	5	5	35	170
35	175	0	0	35	175
20	110	20	110	40	220
25	150	15	75	40	225
30	165	10	30	40	195
35	175	5	5	40	180
40	180	0	0	40	180
20	110	25	150	45	260
25	150	20	110	45	260

（续）

甲区		乙区		合计	
投下单位数	收获量	投下单位数	收获量	投下单位数	收获量
30	165	15	75	45	240
35	175	10	30	45	205
40	180	5	5	45	185
45	190	0	0	45	190
25	150	25	150	50	300
30	165	20	110	50	275
35	175	15	75	50	250
40	180	10	30	50	210
45	190	5	5	50	195
50	200	0	0	50	200

由表 5-2 可知对于二区之资本及劳力，因其配合不同，收获总计量，亦随之而殊。但此时既假定土地资本及劳力均不须出费而得使用之，则对于二区配合资本及劳力之各单位时，以能得最大之总收获量为标准，斯亦足矣。然在实际上，土地资本及劳力均须出费得之，表 5-2 所示之配合法，未必适于实地应用，试更进而考究之。

今假定土地之使用要有地租（Rent），则虽资本及劳力之使用，不须出费，而资本及劳力用量之限度，非当以最大总收益为标准而定之，应先自此总收益，减去地租，以最大纯收益为限度，即理论上之限度，非在举最大总收益之一点，而在举最大纯收益之一点也。然若资本及劳力之使用不须出费，此二者仍相一致，即假定每亩须支出地租米一石，则如表 5-1 所示，资本及劳力之用量为 50 单位时，其总收益与纯收益均为最大。

今若于如前假定的条件之下，土地之使用不止一区（假定为一亩），而涉于二区，能否举最大之纯收益，不可不吟味之。概而论之，若资本及劳力之使用不须出费，而地租须支出，则普通之时，与其分投资本及劳力于二区或二区以上，不若将对于一区所得使用之资本及劳力全部投下之较为有利，即与其扩张土地面积，行粗放经营，不若缩小土地面积，行集约经营，较为有利也。然于一区之土地，行集约经营，究以至何限度为有利，自何限度起，始以分投于二区之土地为有利，此则视地租额之多少而殊，不能一概而论。即依表 5-2 所示观察之，假定每亩地代为米一石，则投下资本及劳力至 45 单位止，以专经营一区之土地为可；至 50 单位时，惟于二区各投下 25 单位时，其结果始与全投 50 单位于一区者相同，即 45 单位之资本及劳力，专用之于甲区时，总收益为一石九斗，自此减去一石之地租，纯收益当为九斗，而若分用之于二区，则甲区投下 20 单位，乙区投下 25 单位时，或甲区投下 25 单位乙区投下 20 单位时，虽得举最大之总收益，而其总收获量不过 2 石 6 斗，自此减去二区土地之地租 2 石，纯收益仅有 6 斗，然今若资本及劳力得使用之至 50 单位，则专用之于甲区，可得纯收益一石，以等量（即 25 单位）分用于甲乙二区，亦可得纯收益一石，故用 50 单位时，始可分用之于二区。至若用 55 单位时，则分用 30 单位与 25 单位于二区，较之专用全部于一区为有利，即如表 5-3。

表 5-3

甲区		乙区		合计		纯收益
投下量	收益	投下量	收益	投下量	收益	
30	165	25	150	55	315	115
35	175	20	110	55	285	85
40	180	15	75	55	255	55
45	190	10	30	55	220	20
50	200	5	5	55	205	5
55	200	0	0	55	200	0

然若地租较前所假定为低，每亩仅支 5 斗，则自资本及劳力得用 45 单位时起，以已分用之于二区为有利，观之表 5-2 自明，由是从大体上论之，地租愈高，专就一区行集约经营，较为有利；地租愈低，扩张耕地面积至二区或二区以上，行粗放经营较为有利。

以上所述，就资本不要付利息，劳力不要付工资时而言，然现在通例，资本不须付利息，劳力不须付工资，殆不可能。经营者所用之资本及劳力，虽为自家所有，而其经营农业，既认为一种企业而行之，则所用之资本及劳力，绝不能视为无利息及无工资，故就企业的农业经营论之，不论何时，应视资本及劳力均须付利息及工资，而认为生产上之支出费。今试依此种假定，就资本及劳力与土地之配合状态，再进而考究之。

资本及劳力，既须付利息及工资，则经营者之目的，不在生产上总收益之多，而在自总收益中减去支出费后余剩之多。故就一定面积之土地，渐次增投劳力及资本时，经营者宜作全部计算，投下资本及劳力至余剩最大时而止，若自此以上，再增加资本及劳力，徒耗费用，事业全体之纯收益，反因之减少也。今假定照表 5-1 所示资本及劳力之支出费，一单位值米二升，依表 5-4 观察之。

表 5-4

资本及劳力投下量	5	10	15	20	25	30	35	40	45	50
收益	5	30	75	110	150	165	175	180	190	200
资本及劳力支出费	10	20	30	40	50	60	70	80	90	100
余剩	—5	10	45	70	100	105	105	100	100	100

依表 5-4 所示，资本及劳力之投下量，不论地租之支出与否，其限度仍无所异，若地租要支出时，自余剩中减去地租之量可也。更就表 5-4 详察之，资本及劳力之一单位，值米二升，投下 25 单位时，收益为 1 石 5 斗，更增 5 单位为 30 单位时，投下之收益增为 1 石 6 斗 5 升，似较前者为多矣，然其与前者之差，仅有 1 斗 5 升，求其对于 1 单位之平均数得 3 升，即对于资本及劳力之支出费 2 升，尚有 1 升之余剩，故经营者不要以投下 25 单位为止，进而投下 30 单位可也。但对于 30 单位之收益与对于 35 单位之收益之差，不过 1 斗，而支出费平均一单位值二升，故在经营者投下资本及劳力以 30 单位为止，或以 35 单位为止，其结果无所异也。若经营者更进而投下 40 单位，则收益之增加，不过 5 升，而为得此 5 升所化之支出费，却要 1 斗，是经营者因此损失 5 升也。故经营者投下资本及劳力，不要至 40 单位，以 30 单位或 35 单位为止可也。

上就一定地域之生产而言之，今若有沃度相同或相异之多数地域，可行经营，而资本及劳力之用量，却是有限，此时经营者宜作事业全体之计算，以举最多之余剩为标准，对于土地配合资本及劳力之用量。但在此时，其配合之方法，亦视地租之有无与额之多少而殊。兹先假定土地不要地租，土地止有二区，其沃度相同，照前例示其配合之状态如下：

（a）资本及劳力之用量在 35 单位以内时，以全部用之一区域为宜。

（b）资本及劳力之用量在 35 单位以上时，得配合如表 5-5 观察之。

（c）表 5-5。

表 5-5

甲区		乙区		合计	
投下量	余剩	投下量	余剩	投下量	余剩
15	40	15	40	30	80
20	70	10	10	30	80
25	100	5	−5	30	95
30	105	0	0	30	105
20	70	15	40	35	110
25	100	10	10	35	110
30	105	5	−5	35	100
35	105	0	0	35	105
20	70	20	70	40	140
25	100	15	40	40	10
30	105	10	10	40	115
35	105	5	−5	40	100
40	100	0	0	40	100
20	70	25	100	45	170
25	100	20	70	45	170
30	105	15	40	45	145
35	105	10	10	45	115
40	100	5	−5	45	95
45	100	0	0	45	100
25	100	25	100	50	200
30	105	20	70	50	175
35	105	15	40	50	145

（续）

甲区		乙区		合计	
投下量	余剩	投下量	余剩	投下量	余剩
40	100	10	10	50	110
45	100	5	−5	50	95
50	100	0	0	50	100

今若所经营之土地要付地租，则须从表5-5所示之余剩中，减去地租之额再考察之。假定从前例，地租每亩要米一石，则依表5-5所示，资本及劳力用量在50单位以下时，不论何时，非举其资本及劳力之全部专用之于一区不可，观表5-5自明，故资本及劳力之用量在55单位以上时，二区间资本及劳力之分配，方成问题。兹依前例，示资本及劳力有55单位时之配合状态如表5-6。

表 5-6

甲区		乙区		合计	
投下量	余剩	投下量	余剩	投下量	余剩
30	105（5）	25	100	55	205（5）
35	105（5）	20	70	55	175
40	100（0）	15	40	55	140
45	100（0）	10	10	55	110
50	100（0）	5	−5	55	95
55	90（−10）	0	0	55	90
30	105（5）	30	100	60	210（10）
35	105（5）	25	100	60	205（5）
40	100（0）	20	70	60	170（−30）
45	100（0）	15	40	60	140（−60）
50	100（0）	10	10	60	110（−90）
50	90（−10）	5	−5	60	85（−115）
60	80（−20）	0	0	60	80（−120）

由是论之，现在时代，土地与资本及劳力之使用，均须出费，故在通常之时，与其扩张土地之面积行粗放经营，不若缩小土地之面积行集约经

营，较为有利；然其集约之度，仍当以最大之余剩为标准而定之，否则集约过度，余剩反因之减少也。而如表 5-5 所示，若地租之额，每亩仅要 5 斗，则资本及劳力之用量至 45 单位时，区为 20 单位与 25 单位两组，分投之于二区，较为有利。

概而论之，资本及劳力之价低时，则对于一定面积之土地，行集约经营，较为有利；土地之价格低时，以扩张耕作范围为有利；资本、劳力及土地均为低价时，则经营务求其集约，而且可扩充面积。若资本及劳力之价高，而土地之价廉，则对于一区域所投下之资本及劳力，宜计算其对于每单位之最大收益，以是为一区域之集约限度，再扩充耕作面积，较为有利；若资本、劳力及土地均为高价时，则宜将此三者善为配合，以期举最大之纯收益，至其配合之方法，又视资本、劳力及土地所需费用之多少之比例，常生变化。故生产要素之配合问题，因有收益渐减法则，遂为农业经营上之重要问题。而且实际的收益增减之状态，因此法则，行乎其间，时有变迁，故生产要素之配合，又为农业经营上极困难之问题。

以上所述收益渐减法则，系就经济上之静态（Static Condition）而言，非就其动态（Dynamic Condition）而言，若生产技术及其他事情有变化，则收益渐减法则出现之时期，自生差异，试略论之。

农产生产技术之进步，虽不能打破收益渐减之法则，而实足缓和其作用，或迟延其出现之时期，例如新式机械之发明，人造肥料之使用，栽培方法之改良，病虫害防除法之进步等，果能见诸事实，则对于一定面积土地所投之资本及劳力，用量虽与从前相同，而收益渐减之时期必因之延缓，即在从前收益应行渐减之处，今反见其渐增也。

交通机关之发达，亦影响于此法则，盖水陆交通，通达无阻，足使种子、肥料、农具及劳动者之运输速且易，农产物之移转及交易，亦以敏捷，是间接增加生产上之收益也。故交通机关之便利，其效果殆与生产技术之改良进步相等。

此外如国家之农业政策，果能于农产物价格之维持或提高及农产物生产费之减少，极力援助，善厥措施，则收益渐减法则之影响，亦可缓和也。

由上所述，可知收益渐减法则之作用，得依种种方法中止之，或轻减之，然此法则之作用，虽可借生产技术及经济事情之改善而缓和之，而耕作集约之度，若再继续增高，土地利用上，终有时受此法则之支配，此所以世界各国间，常有人口问题与土地问题之发生也。

若土地不受收益渐减之支配，得发挥其无限之生产力，则对于最初投下之资本劳力，与对于其后继续投下之资本劳力，其纯收益绝无所异，因之农夫但择优良地耕种之即可，纵使人口增加，食料品之需要亦增，而但就已耕之土地，再加资本及劳力，亦可适应之，何必别求沃度较劣，收益较少之土地，扩张其耕作之范围乎？且土地果能不受收益法则之支配，则一定面积之土地，可以养百人者，亦可以养千人或万人以上，更何有地狭人稠之虞乎？然而事实上不能如此，一国或一地方优良之土地，总是有限，一旦已耕之优良地，已濒于收益渐减之境界，难再投下资本及劳力，只有损失，而无利益，势不得不向次等地扩张其耕作范围，而次等地亦必早晚到收益渐减之境界，于是耕作范围不得不及于三等地，如此推进，终必达于最劣等地而止（兹所谓最劣等地者，指在耕作范围内之最劣等地而言），自此而下，虽强为耕作，收支不相偿矣。故所谓耕作范围内之最劣等地，其生产之结果与生产之费用，仅足相偿，此之谓限界地（Marginal Land），所谓限界地者，即临乎耕作限界（Margin of Cultivation）之土地也，如此渐次达到之限界点，称之为耕作扩张之限界（Extensive Margin of Cultivation），至对于一定面积之土地，渐次增投资本及劳力，终达于收支仅足相偿之一点，称之为耕作集约之限界（Margin of Intensive Cultivation）。

要而论之，就一定面积之土地而言，从资本及劳力之增加，必有时达于耕作集约之限界。就一国或一地方之土地而言，则耕作之范围，自优良地渐及于劣等地，亦必达于耕作扩张之限界，以面积及生产力有限之土地，养增殖无穷之人口，此人口问题及土地问题之发生所以终不能免也。

第三节 土地之价格

凡经济财之价格，有市场价格（Market Prices）与正常价格（Normal Prices）之别。前者概依市场之需要供给之如何而定之，其价格常动摇不定；后者则为理论上应有之标准价格，故市场价格倘能与正常价格接近或一致，最为适当。

财之正常价格，虽亦应依市场之正常的需要与正常的供给之结合而构成之，而生产费实为之标准。虽从前所谓生产费说（Cost Theory）者，稍有缺点，而生产费之大小，实与财之正常价格之决定，有密接之关系。至土地则大异其趣，自加于土地之人为改良论之，似亦有生产费，然土地原为自然物，不应有生产费，故土地之正常价格，须于生产费以外，求一适当之标准以定之。其可为标准者，所谓收益价值（Ertrags Wert）是也。土地之收益价值，即以其收入为基础而测定之。而土地既得生此收入，应算定其资本价值（Capital Value），以为正常价格之标准，至其算定法如何，说明之如下：

今假定一定面积之土地，每年纯收入（Net Income）永为十元，则一年后纯收入为十元，二年后亦为十元，十年后亦为十元，若年数无限制，其将来纯收入之总和，当为无穷大（Infinitely Great）。倘现在视将来之每年纯收入都为同值而评价之，则该土地之资本价值必为无穷大，不论何人，不能购买此土地也。然在实际上，凡人对于现在收入（Present Income）之评价与对于将来收入（Future Income）之评价，不能同一，即现在收入之评价愈高，将来收入之评价较低也。且所谓将来者，年限本无定期，其年愈近于现在者，则现在对于该年之收入评价愈高，其年愈远于现在者，则现在对于该年收入之评价愈低，即对于将来收入之评价，常"打折扣"（Discount）是也。而此折扣率（Rate of Discount），概采用该地方之通行利率（Prevailing Rate of Interest），故利率一经决定，将现在之货币价值换算为将来之货币价值，或将将来之货币价值，换算为现在之货币价值，均易为之；例如年利定为 5%，则换算现在之一定货币价值，为一年终之货币价值，乘以（1+0.05）可也。反之，换算一年终之一定货币价值为现在之货币价值，除以（1+0.05）可也。今假定一定面积之土地将来之每年纯收入为 a 元，利率为 r，则土地之现在货币价值 V，得依下列方程式求之：

$$V=\frac{a}{1+r}+\frac{a}{(1+r)^2}+\frac{a}{(1+r)^3}+\frac{a}{(1+r)^n}+\cdots \quad (5.1)$$

上式为无限几何级数（Infinite Geometrical Progression），其第一项为 $\frac{a}{1+r}$，比率（Ratio）为 $\frac{1}{1+r}$，依代数公式求之，其结果如下：

$$V+=\frac{\frac{a}{1+r}}{1-\frac{a}{1+r}}=\frac{a}{r}\cdots \quad (5.2)$$

如此换算土地之将来，每年纯收入为现在之货币价值，在土地评价（Land Valuation）上，甚为重要，所谓收益价值，即依此计算法而定之者也。

英国表示土地之资本价值，通常用"20 年买"、"25 年买"（"20 years purchase" or "25 years purchase"）等之词，其意义在表示此计算上之利率。所谓"25 年买"者，表示利率为 4% 之意，即以 4% 除每年地租（Annual Rents）之意。伸而言之，即表示土地之资本价值，等于地租之25 倍之意，以此为土地卖买之标准。所谓"20 年买"者，其所定之利率为 5% 也。

如上述式（5.2）所示土地之资本价值，乃以纯收入为基础，依通行的利率算定之，故其资本价值之大小，视纯收入之增减与利率之高低而大殊。假定利率无变化，则纯收入愈增，土地之资本价值愈大，否则，反之；假定纯收入无变化，则利率高，土地之资本价值愈小，否则，反之。如此土地之资本价值，一方受纯收入增减之影响，一方受利率高低之影响。故当预计农地之货币价值时，宜就此两方面之种种事情考究之。

先就纯收入之方面言之，农地年年所生之农产物，为有形的，故欲知其收入之多少，或货币额之大小，颇为易事，倘农产物出卖于市场，即可决定其货币收入额，就令不出卖之，而用评价法算定其货币收入额，亦决非难事。惟有宜注意者，农地之纯收入，未必年年相同，或多或少，时有差违，例如（a）土地改良或耕作法改良逐渐实施，则投下于土地之资本及劳力，其用量虽与往日相同，而其纯收入必较前为多，又如（b）土地之生产力虽不增加，而因人口增殖，农产物之需要增加，因之农产物之价格随之而高，虽此时土地之实际生产量，本无增减，而农产物之价格既腾贵，其货币收入，自应增加；惟（a）与（b）之二原因，虽均可增加土地之纯收入，以提高其收益价值，而此二者及于社会之影响，则稍有异同，即土地之收益价值，因土地改良或耕作法改良而增高时，以此收益价值为土地卖买价格之标准，卖者及买者，均不受损失，而若收益价值因农产物价格之腾贵而增高，则卖者可得意外之利益，倘此腾贵之趋势不能持久，一旦农产物之价格跌落，土地之收益价值当为之减少，则买者受意外之损失。

更有宜注意者，计算上所谓纯收入者，系从粗收入（Gross Income）减去资本及劳力费用而得之，粗收入未必年年相同，即令其相同，而资本利息之高低，劳力工资之增减，亦可左右纯收入之多少，因之土地之收益价值，大蒙其影响。

次就利率之方面言之，利率固因地而殊，而预测将来之利率，如何变迁，殊非易事，故评价土地时，所采用之利率，不易恰如其分。然概而论之，土地之将来收入若确实而安全，则计算时所取之利率，自然低下，而土地将来收入之安全与否，又视种种事情而殊，例如在法制完备或国民道德心发达之国或地方，土地之收入较为稳固，其评价时所取之利率，概从其低，因之土地之资本价值为之腾贵；又如抵当利率（Mortage Rate of Interest）之高低，亦大及影响于土地之资本价值，在土地信用制度（Land Credit System）发达之国或地方，土地之资本价值易以增高；他如土地负担之轻重，亦与之大有关系焉。

以上所述，系关于农地之收益价值构成之理论，土地之市场价格，应以收益价值为标准而酌定之。然在实际上，土地之卖买价格，常不能与之一致，即如农地之卖买价格，亦因需要供给之情形如何，或在收益价值之上，或在乎其下，变动无常，不易预测。然概而论之，近世各国地价，有与年具进之势，都市土地无论已，即在农村土地，其价格亦渐上腾，此因由于土地之增辟，不能与人口之增殖相应，以致农产物价格昂进，地租亦以增高，而在经济事情以外，社会的及政治的事情，亦有促进地价上升之力，例如农民之稍有余蓄者，辄思获得土地以餍其欲望，彼非必以土地为生财之道，第以自有土地，可安定其生活，并可增高社会上之地位，故急于购入土地，至收支上之损益如何，彼未尝深加以考虑也。故小农地之价格，较之大农地之价格遥高，又如议会政治发达之国，每以资产之大小，定选举权及被选举权之资格，薄有田产者亦欲扩张其所有地面积，以获得政治上之地位。他如投机者流，往往预想将来地价必渐次昂腾，因之争相收买，以博厚利。此等事情皆足促进地价之腾贵，故普通之时，农地之卖买价格，多出于收益价值以上。至近今世界各国地价有下落之趋势，此则农业恐慌之影响使之然也。

中国农地价格之变迁，向无是项统计，颇难得其真相。然概而论之，前清中叶以还，人口日增，农产物之价格渐高，地价亦随而上升；至民国成立后，此种趋势，更为显著，惜无精确统计，不能详为比较，兹举昆山、南通、宿县之田价比较表（见乔启明著《昆通宿农佃制度之比较及其改良之建议》）于表5-7，以示一斑。

表5-7　苏皖三县每亩地价比较表

县别	年别	指数			实数（元）		
		上等	中等	下等	上等	中等	下等
昆山	1905	100	100	100	25.09	16.36	8.09
	1914	199	189	213	50.00	30.91	17.27
	1924	350	369	464	87.73	60.45	37.55
南通	1905	100	100	100	39.28	28.06	19.32
	1914	152	140	147	59.76	39.24	28.48
	1924	250	240	255	98.09	67.96	49.23

（续）

县别	年别	指数			实数（元）		
		上等	中等	下等	上等	中等	下等
宿县	1905	100	100	100	20.21	9.67	3.75
	1914	115	121	132	23.18	11.70	4.94
	1924	183	222	255	37.00	31.47	9.58

　　表 5-7 所示，固不足代表各省或各县之地价，而即是以观，亦可略知 1905 年至 1924 年间，中国地价之趋势矣。然自最近数年来，中国各省之农地价格，相继跌落，虽无精密之统计，足资研究，而其大概情形，已了如指掌。据陈翰笙著《现代中国的土地问题》之所记（见《中国经济》第一卷第四、五期合刊），以 1933 年第一季与 1929 年相比较，福州地价跌落 33％，浙江永康跌落 40％，江苏盐城跌落 70％，陕西府谷跌落 50％～81％，察哈尔阳源跌落 60％，河北数县之地价亦跌落，示之如表 5-8。

表 5-8　河北数县中耕地每亩平均价格（1929 年至 1933 年第一季）

地名	每亩平均价格（元）		指数（以 1929 年为基数）	
	1929 年	1933 年	1929 年	1913 年
赵县	90	60	100	67
行唐	150	100	100	67
南和	100	60	100	60
固安	50	20	100	40
晋县	100	40	100	40
获鹿	100	30	100	30
保定	80	20	100	25

　　中国区域辽阔，农业状况，各地不同，耕地价格之变迁如何，固不能归诸一律，即就此以观，已足知中国耕地价格下落之趋势，此何故欤？或谓由于人口之减少，此无精确之论据，绝不能以是为地价下落之原因。最近数年来，中国人口死于天灾人祸者，固开未有之纪录，而从全国观之，或从各省分别观之，则生殖率与死亡率，或足以相抵，其在被灾较重或匪祸蔓延之区域，人民流亡，村里为墟，地价之跌落，或与人口之减少有关，而如苏浙一带，地方秩序，较为安定，人口之增加率如何，固难明

言，而无论如何，绝无人口减少之事，然近数年间，苏浙两省之耕地价格亦大跌。故现在地价跌落之原因，绝不能从人口上解释之，然则其原因究何在耶？撮要言之，约有数种：

（1）农产物价格之低落

据国定税则委员会所编制之《上海批发物价指数表》，以民国15年为基年，粮食之价格，民国20年为94.4，民国21年平均为81.7，而就各月分别观之，则自6月以来，跌落更速，至11月达于72.4，今年①1、2、3月虽稍上升，而至4月又下落而为72，6月以来更跌，至8月竟然降为64.3，此系就上海而言，各省内地粮食价格跌落之程度，恐更甚于此。原来地价之升降与农产物价格之高低，有密接关系，农产物之价格既跌落，即令粗收入如故，而纯收入必因之大减，故此实为地价跌落之一原因。

（2）农村金融之枯竭

中国各地农村金融，本甚停滞，比年以来，金融集中之现象更著。从前农村所借以融通资金者，为设于村镇中之钱庄及当铺，现在则此种钱庄，大都倒闭，当铺亦多破产。原来钱庄及当铺，概以高利贷为目的，未必有益于农村，今则并此而亦难得，农村金融之途，益以塞矣。农村中之利率，本较城市为高，今则更见其甚，利率之高低与地价之升降为反比例，理论上如此，实际上亦概循此轨，故农村金融枯竭，亦为地价跌落之一原因。

（3）税捐之苛重

中国近数年来，各省田赋之附加税或附加捐，名目繁多，日出不穷，据《地政》月刊第一卷第三期之所载，田赋正税之增加率，以民国元年为100，民国17年，河北昌黎为53.3％，山东莱州为47.2％，江苏江宁为36.6％，浙江嘉善为20.2％云。此就田赋之正税而言，其增加率已如是之大，至于附加税捐，则自民国17年后，更为苛重；例如江苏仪征，忙银正税每两仅征1元5角，而各种附税每两合征至9元6分，漕粮正税每石只征3元，而各种附税合计至6元5角，忙银附税在民国16年春间，

---

① 1934年——编者注

合计仅1元9角1分，至民国20年4月止，竟增至5倍之多，漕粮在民国16年前附税亦止2元5角，而至民国20年亦增至2倍左右。又据《浙江财政经济汇刊》（第一卷第六期）之所载，浙江现在各县带征的田赋附税，最多的县有十七八种，最少的亦有七八种，其合计额概超过正税；例如松阳上期田赋附加税，超过正税之202.3％，下期超过77％，庆元上期附加税，超过正税之205.2％。他如湖北、河南、江西、安徽、湖南、四川、广东、陕西及其他各省，莫不有此现象，且有较江浙更甚者。此外如公债之苛派，田赋之预征，亦时有所闻。似此苛捐杂税，都以农地为对象而行之，已有土地者，自不愿保留其土地，未有土地者，更不愿购入土地，自陷罗网，毋怪乎地价崩落不知所止也。

由上所述，（1）（2）（3）皆为地价跌落之主要原因，而且互相关联，益增进地价跌落之速度。若分别考究之，以（3）之原因最为奇特而深刻，盖农产物价格之下落，固足促进地价之下落，而若无别种原因杂乎其中，欲购土地者，以为现在农产物价格虽低，一二年后或再上升，当仍有投资土地以为将来收入计者，地主虽或迫于债务，急欲出售，而因购地有人，地价绝不至如是之暴跌。自耕农固以谷贱为苦。然苟非万不得已，尚可隐忍数年，以待时机之徐转，亦不至纷纷贬价求售，以大增地价跌落之速度。且世界各国，近数年间，地价亦因农产物价格之暴落而渐次下落；然地价下落之时期，概较农产物价格下落之时期为迟。而中国农产物价格下落之现象，至民国20年而始著，去年[①]更甚，而地价则已于十七八年间早已跌落，故地价跌落之原因，不能专以农产物价格之下落说明之。农村金融之枯涸，固亦为主要原因之一，然中国农村金融枯涸之现象，虽今更加甚，而非近数年来始有之。倘使土地尚保其安全之度，富有赀财者，或以投机为业者，将乘此地价低下之时期，大为收买，以为将来渔利之计，地价或因而反动，而再上升，即无此事，地价亦未必大跌如是。至田赋附加税捐之烦苛，则真导土地于深渊矣。人之欲保有土地或购入土地者，以土

---

① 1933年——编者注

地为收入之源也，即不为收入计，亦必不愿受土地之累。土地负担即如是其奇重，则人人皆将视土地为畏途，而避之若浼，有地者急思解脱，无人承买，则弃地而逃，无地者亦不敢贪一时之廉价，自贻后累，循是以往，恐地价更将江河日下，靡知所终矣。

吾非谓农地之价格，必须积极提高也。地价高，则佃农进为自耕农之机会少，亦非农村之福；第以今日农村之大病，不在地价之低，而在地价虽低，卖之者众，买之者寡。假令地价跌落，仅减少地主之不劳所得，而自耕农仍保持其地位，或且能以其余蓄扩充其耕作面积，佃农得乘此时机购入耕地，以筑成独立经营之基础，则地价虽低，而从农村全体上论之，或有利而无害。今则何如？农产物价格之下落，固为农业上之重大问题，而此为现在世界之普遍现象，非吾国所独有，农村金融之枯竭，固亦由于农产物价格之下落，而苛捐杂税之罗掘无穷，益足摧其根而绝其源。且农产物价格之下落，亦因此种苛捐杂税而加速，各省或各县政府，专从田赋上增辟财源，彼或以为土地之生产力至大，可以取之不尽，用之不竭也。庸讵知土地非能自生产也，必有人耕之耘之莳之培之，而后始能使作物蔓延其根株，繁茂其枝叶，成熟其子实，以为收入之资。倘苛捐杂税，长此不变，或更加甚，吾恐地主弃地而逃之事，必与日俱增，自耕农亦将辍耕太息，或离村而去，则田赋将向谁征收。倘"就佃清租就租清粮"之安徽往事，复行于各省，则佃农亦将退避三舍，释耒而逃。近年以来，"耕者有其田"之呼声，颇喧传于世，而在现在状态之下，穷其流弊，吾恐耕者不惟不能有其田，而且不愿有其田矣。是故中国今日，首宜涸除一切苛捐杂税，次宜救济农村金融，果能积极行之，则农产物之价格，自能逐渐恢复矣。即一时未能恢复，而土地负担业已减轻，农业资金得以流转，则农村经济有苏生之望，可操券而待也。

由上所述，可见现在中国农业上之隐忧，不在地价之跌落，而在惹起地价跌落之诸种原因，相互作用，俾地主自耕农及佃农俱陷于困境，而农村经济遂濒于破产。然则此等原因，一旦悉去，地价复以增高，果于农民有利与否，是又不可以不辨。

农业土地价格腾贵之倾向，概较之都市土地为迟缓，然其价格若远超于收益价值以上，亦足酿成农业上之诸种弊害，举其主要者如下：

（1）佃租之增高

地主贷其所有地于佃农，概以地价为标准，定佃租之多少，若地价超于收益价值以上，则佃租势不得不高，倘佃农急欲得耕作权，只得强为就范，而一旦佃租既提高，复诱致他日地价之上升，如此循环不已，其结果必至佃租格外增高，佃农为之受窘。

（2）阻自耕农之增加

地价过高，则佃农或农业劳动者，不易购入土地，成为独立之自耕农，其结果益助长地主之土地独占。不宁惟是，自耕农之较富裕者，或以为地价既高出收益价值以上，不若出卖土地，以其所得，别谋生财之道。至自耕农之较贫乏者，则以其土地为抵当而借款时，多不问其土地之收益如何，惟以地价为标准而定负债之金额，而地价既在收益价格以上，则以其土地之收益，终不能偿还其负债，因而失其土地所有权者，往往有之。故地价过高时，不惟阻自耕农之增加，并可促其减少，益以助成地主之土地兼并。

要而论之，农地之价格在收益价格以上，虽在普通之时，往往有此现象，不易避免，而若其相差过大，则如前所述，农业上诸种之弊害，易以发生，而如实行内地殖民或自耕农创定政策，以改革土地分配状态时，地价过高，尤为其一大障碍。故当此之时，宜施行适当之土地政策，俾地价不致腾贵。世界各国尝有实行之者，如世袭财产制度（Fideikommisse）之废止，土地投机之防止，土地累进税法之实施，公正佃租（Fair Rent）之决定等，其著例也。惟此等政策，其目的在抑制地价，防止土地兼并之弊，兼为小农开获得土地之门，其意甚善。至如中国今日之田赋附加税，异常苛重，地价虽因而低落，而于农民反有害而无利，则固有不可同日而语者矣。

第四节　土地之分配

从广义上解释之，农地之分配问题，得从（1）农地所有面积之大小与（2）农业经营规模之大小，分别论究之，兹将后者另行说明，本节惟就前者略述之。

农地之所有者，有自行耕作者，有贷与土地于他人而收取佃租者，前者即自耕农（Landowning Farmer），后者即地主（Landlord）是也。惟自耕农中，有经营大面积者，有耕作小面积者，地主中亦有拥有巨大之面积者，有仅有狭小之面积者，如此农地所有权（Farm Ownership）之分配不均，各视其国之历史的地理的政治的社会的经济的及其他事情，互殊其状态。要而论之，土地倾于兼并时，大地主制及大农制，易以发生；土地倾于细分时，小地主制及小农制易以发生。而大农制与小农制之得失，为关于农业经营之大小问题，地主制度与自耕农制度之得失，亦不外乎佃农制度与自耕农制度之得失问题。后当分别论之，兹先就土地所有权之分配如何，一究其利害。

一国之内，若土地之兼并盛行，则其弊害甚大，举其主要者如下：

（1）大地主若垄断土地，则地价必格外腾贵，在新开国可阻土地之开发，在旧开国可阻自耕农之增加。

（2）农地过大，势不能悉自经营之，而必委之佃农，专以收取佃租为事，因之佃农增多，其结果必酿成佃租问题。

（3）大地主即自行经营，其农法亦多流于粗放，不能充分利用其地力，因之一国之农业生产，为之减少。

（4）一国之土地，既入于少数大地主之手，则多数之农业劳动者，必依之为生，此等劳动者对于土地观念甚薄，一有不满意之事，易转入都市，别谋生计，其结果必惹起农村人口之减少。

（5）土地收入既集中于少数大地主，彼等必以其所得，消费之于都市，不消费之于农村，其结果当酿成农村经济之衰落。

（6）农业界自少数之大地主与多数之农业劳动者而成，则农村中贫富之悬隔，益以增大，其结果必酿成农村社会问题。

由上所述，可见土地兼并，实足以阻止农业之进步，诱致农村之衰颓，而此等弊害于不在地主（Absentee）多数存在时为尤甚。至不在地主发生之原因，大都由于①地主厌弃农村之生活，移住于都市，如欧战前罗马尼亚及俄国大地主，尝至巴黎及其他都会，任意挥霍是也；②都市之资本家，往往以其余资收买农地，如商工业发达之国或地方尝见之；③新开国之土地兼并，易以发生，如澳洲、新西兰（New Zealand）等处之新开地，英国之大资本家，以投机的目的，独占大面积之土地是也。

土地兼并之弊害，既如上述，故土地之所有权，宜以分配于多数之人为合理。盖土地所生之利益，若由多数人享受之，则贫富之悬隔当较少，倘多数之中小地主皆能自耕而为集约经营，以充分发挥土地之生产力，其于国民经济上，甚有裨益。然土地若过于细分，则多数之分地农（Parzellenwirtschaft）易以发生，原为自耕农者，不能维持其生活，流为佃农或农业劳动者，其结果必至农民经济，均感困难，阻止农业之改良，惹起农村之衰落。

要而论之，土地若兼并盛行或过于细分，则过大农地（Unduly Large Holdings）或过小农地（Unduly Small Holdings）充溢于国中，从农业经济上论之，自应痛加排斥，即从政治上及社会上观察之，亦有极重大之影响。是以世界各国，自古以来，对于农业土地政策，非常注意，然各国之农业土地政策，各应其历史之关系与时代之源流，不能一致，此本属于农业政策之范围，毋庸缕述，惟其与农业经济，至有关系，兹撮述其崖略如下。

近世各国之土地政策，虽屡有变迁，而从大体上观察之，约分为三期如下：

第一期为农民解放（Bauernbefreiung）前后之时代。此时代之土地政策，概以拥护大地主之利益，确立土地私有制度为目的。至小农对于公有地之共同放牧权（Weidcscrvtut）皆废止之。此由于自由主义之经济思想，弥漫于一时，各国政府，以为打破古来之封建的土地制度，确立私有制度，即可以促进农业之改良进步，其意固未可厚非，但其时地主之豪强者，仍挟其封建余势，发挥政治上之权威，专为自己阶级谋利，而于小农之权利，恣意剥夺，如英国之公有地围绕法（Enclosure Acts）及一般围绕法（General Enclosure Acts），普鲁士之公有地分割法（Gemeinheits Leilungsordnung），奥大利①之地役权解除令（Servituterab Lësungspaten）等，其著例也。

第二期为自 19 世纪末叶至欧战前之时代。欧洲诸国之土地政策，大抵采用保守主义；盖自农民解放以来，土地之买卖让与，得以自由，固较封建时代大有进步，而因此驯致大地主之土地兼并，与中小农之没落，农民离乡，农村荒废之现象，遂以发生，于是中小农之维持或增殖政策，颇为各国所采用，如英国之小农地法（Small Holdings Act），普鲁士之地租农场法（Rentengutsgesetz），美国之家产法（Homastead and Exempt on Law），法国及瑞士之家产法等，即其明证也。

然其时土地政策，虽防土地之兼并，而亦防土地之细分，如德、奥诸国之一子继承法（Anerbenreeht），Baden 对于普通农场禁止其所有权之分割，Hessen 规定土地所有权之最小限度，Sachsen 虽许农地之分割买卖，而其面积之大小，则加以限制，瑞士新民法亦定耕地之最小限度凡若此类，皆所以防土地细分之弊。且中小农之维持或增殖政策，亦概取渐进主义，而于大地主之所有地，未尝用强制方法收用之或分割之，仅于不害地主阶级利益之范围内，以各种之土地立法，达扶殖中小农之目的已耳。

第三期为欧战后之时代。土地政策之变迁，最为显著，虽其方法有急进或渐进之殊，而其受马克思主义（Marxism）之指导，或受社会民主主义（Sozialdemokratie）之影响，均以反对地主阶级为特征，苏俄之农业革命无论已，其余欧洲诸国，亦于大战后励行土地制度之改革，而于东欧诸国为尤著：例如罗马尼亚（Rumania）于王室地外国人及不在地主之所有地，皆强制收用分割之，普通以 5 公顷为单位，给之农民，从前之大地主，虽尚得保存其土地，而普通以百公顷为限，其余均由国家收用，如此收用之土地达于 250 万公顷以上。捷克斯洛伐克（Czechoslovakia）亦收用大地主之土地，分割为小农地，以 15 公顷为单位，爱沙尼亚（Esthonia）则

① 今译为奥地利。——编者注

于战后一举而收用农地总面积之 58%，以其一部为国营或公有之农场，其余则细分之，给之小农，以家族劳力及马 2 头所得耕作之面积为标准。拉脱维亚（Latvia）亦收用大地主所有地之一部，改为 22 公顷以下之农场，分给之农民。立陶宛（Lithuania）则没收大地主所有地之全部或一部（在 80 公顷以内仍令地主保有之）与国有地，一并分割之，以创设 18～20 公顷之农地。此外如波兰（Poland）、芬兰（Finland）、希腊（Greece）、保加利亚（Bulgaria）、南斯拉夫（Yugoslavia）、匈牙利（Hungary）诸国，皆有类似于此之设施焉，然此等诸国中，收用土地之手段，虽有急激者，而其政策，实在抑制农民之革命思想，防止过激主义（Bolshevism）之侵入，故收用大地主之土地，分给之无产农民，以巩固土地私有制度之基础。

欧战后，土地制度改革之方法，较为温和者，为德国。德国地租农场之创设事业，久已行之，然其进步颇缓，不足慰小农及农业劳动者之渴望。自欧战败北后，国事日非，政府为恢复国力计，不得不筹划内地殖民事业，以谋农业人口之增加与食粮供给之充裕，且其时军队自战线回来者，若无谋生之道，若不与以归农之机会，俾其克自树立，恐社会问题益以严重，故于 1919 年 1 月 29 日，发布紧急命令，声明农业殖民地供给之必要，是年 8 月 11 日，遂制定联邦殖民法（Reichssl Edlungsgesetz），其目的为：①创设独立之自耕业，②扩张小农之所有面积，③令农业劳动者自行土地之经营，而其立法之精神，与从前所行之地租农场法异者，在于殖民之土地不易获得时，得用强制方法，令大地主提供其所有地，然此新法律，仍维持土地私有制度，且以中小农之增殖为主眼，可称为一种之社会改革政策。

英国在欧战前后，亦颇注意于土地政策，自 1892 年小农地法发布以来，成绩不甚著，1908 年复制定小农地及分区地法（Small Holdings and Allotment Act），以期补从前之缺点，增加小农地。至 1914 年郡议会（County Council）所收得之土地，约 20 万英亩，已设定之小农地数约 1 万。自大战爆发，英国之内地殖民事业，一时中止，然政府对于从军者归农之计划，仍积极进行，如 1916 年制定小农地殖民法（Small Holdings

Colonies Act），依此以行土地之买上及分给，其明证也。然此种事业，由中央政府办理，所费较多，且归农者多不愿为独立经营，1919 年遂颁布土地移住法（Land Settlement Act）将殖民事业改由郡（County）执行之，而又以地价腾贵，进行颇缓，1923 年复制定农业信用法（Agricultural Credits Act），融通低利之资金，以奖助殖民事业。自是设定之小农地渐多，然比之耕地总面积，仅占其小部分，英国所有之大地主制度，仍不能因是改革之，此自由党土地委员会（Liberal Land Committee）所以有土地国有之主张也。

要而论之，欧战以后，农业土地之分配问题，固因国而大殊，而从大体上观察之，各国之土地政策，得分为急进的与渐进的之二种，前者以苏俄为代表，后者以德国为代表，英较德更为缓和，其他中欧及东欧诸国之土地政策，得介乎俄与德之间，或倾于俄，或近于德，视其国情之如何而异。即此以观，亦可略知最近世界各国土地问题之趋势矣。

中国土地之分配状态，究倾于兼并，或倾于细分，斯诚为重要问题，而应加以探讨者也。惟土地之分合至如何程度，始可谓之细分或兼并，此固有不能一概论者。自 Roscher 列举大、中、小农之定义以来，诸学者论究土地问题，多采用此定义，然土地所有面积之大小，与农业经营面积之大小，非必常相一致，如德国自耕农较多，自经营面积论，佃农仅占全面积之 12.4%，故土地所有者与农业经营者，殆同为一人，大中小地主与大中小农混同而论之，尚无大差；而在佃耕盛行之国，则此二者，非分别说明，莫由窥土地分配之真相。惟所谓大中小地主者，乃比较之辞，而非有绝对之定义，在甲地方称为大地主者，在乙地方或仅可称为中地主，在丙地方称为小地主者，在丁地方或已可称为中地主，如是之例，时有所闻，故土地所有阶级之分类，实为至难。然一国土地所有权之分配，如何得与他国互相印证，而知其大概，今试略示外国各地主阶级之比例，以推论我国土地分配之概况如下：

近今土地兼并之最显著者英国，英国大地主甚多，农民大抵为佃农。据 Philippovich 之所说，依 1895 年之调查，英伦、苏格兰、爱尔兰 2 198

人之地主所有面积，占国土总面积之约 50％云。其中尤以苏格兰为最甚，12 人之地主，占国土总面积之 12％，170 人之地主，占 50％，580 人之地主（各地主所有面积均在 2025 公顷以上）占 80％，如 Sutherland 侯爵，竟以 1 人占有 537 000 公顷之土地，爱尔兰在欧战后，虽已行土地制度改革，打破大地主制，而其前土地兼并之现象亦甚著，例如据 1873 年之调查，有 2 025 公顷以上之地主，所有面积占国土总面积之 48％。次于英国土地兼并之甚焉者为匈牙利，他如东欧诸国，在欧战前土地兼并亦盛行焉。德国中地主（5～20 公顷）以上之阶级颇发达，然其情形，因地而殊，易北河（Elbe）以东之地方（即普鲁士东部六州与 Mecklenburg），大农场甚多，面积在百公顷以上者，占耕地全面积之 44％。在 Pommorn，Mecklenburg 有 100 公顷以上者，约占全县耕地之 70％～80％，Posen 及西普鲁士两州，大农地占全县耕地之 60％以上者亦不鲜，而在莱茵地方诸州及南部诸州，大农场之数较少，其总面积不越耕地全面积之 5％，过小农场（Parzellenbesitz）则甚为发达。法国土地分配之状态，较为良好，50 公顷以下之中小农地，占耕地总面积之 65％，日本则小地主及过小地主较多，有五反步以下者，占耕地所有者总数，约 50％，五反步以上三町步以下者，占42.5％，三町步以上十町步以下者占 6.7％，十町步以上者仅有 1％。

更反观诸我国土地分配之状态如何，诚为一重要之问题，惜此种统计，尚属缺如，不能论究之。然从大体上观察之，前清末叶之官僚，民国以来之军阀，收买或占领土地至数万亩者，时有所闻，然此概见于新垦地方，而于农业夙已发达之区，兼并之事，固亦有之，而如英国之大地主，殆恐望尘莫及，即如法国之大农地（50～200 公顷）占各种所有地总面积之 19.04％，巨大农地（200 公顷以上），占 16.23％，亦恐我国尚无此数，故以外国之土地分配状况与中国相衡，实觉土地兼并之现象较少，且有过于细分之倾向，而其所以致此者，则历史上社会上政治上经济上，皆有其特殊之原因，试概论之如下。

从前我国历代之经济政策，向以农本商末主义为其要旨，今日所谓社会主义之思想，往昔亦有之。盖自古天下之田皆在官，民未尝得私有之，然先王尚虑其强弱相凌，无以济一视同仁之美，于是设官以授田，整齐划一，至周而法制益备。吴氏曰："井田受之于公，毋得鬻卖。"王制曰："田里不鬻。"是井田之法，实所以杜土地兼并之弊，除贫富悬隔之害，自秦废井田，开阡陌，豪强兼并之患自此起，民田多者以千亩为畔，无复限制矣。然井田之良法美意，尚盛为政治家及学者所称道，历久而勿衰。汉兴，重农抑商之政策，史不绝书，董仲舒曰："井田虽难卒行，宜少近古，限民名田，以赡不足。"孔光、何武曰："吏民名田，毋过三十顷。"盖即防兼并，均贫富之意也。王莽篡汉，拟复井田法，而不果行。晋武帝时，有男子一人占田 70 亩之制，惜史未详言其还受之法。至魏孝文，始行均田，虽其立法之要旨，仅在就田之在民者而均之，不能尽如三代之制，而其欲平均土地之分配，其意固有足多者矣。唐太宗口分世业之制，亦多蹈后魏之法，且听其买卖而为之限，虽无井田之实，而颇师其意，变通行之。自赵宋以还，土地兼并之弊，日以加甚，苏老泉及叶水心两氏，曾痛乎言之；然皆谓井田不复可行，亦以田既在民不在官，骤行均田，夺有余以补不足，必致烦扰以召怨恚也。然至元世祖时，赵天麟尚献限田之议，以抑豪强扶贫弱。明太祖时，亦有计民授田之制。降及前清，八旗王公，勋戚大臣以至官员兵丁皆得承领庄屯，世有田土，以广大之田园，为勋贵之酬庸品，识者讥之；然其削除故明宗室禄田，令与民田一例起科，其废藩田产，号为更名者，皆给于民，而薄其征敛，至于驻官庄，亦视其等级，严定亩数，以防逾越。然则自秦以后，井田虽不能行，而其抑制兼并，调和贫富之政策，固尝有行之者，虽行之或不得其道，或得其道而不能垂之久远，然其精神尚流露于史册间也。是故土地私有制度，虽行之已久，浸成兼并之风，而如英国或奥国所称之大地主，我国尚罕闻之。近年以来，平均地权之说，喧传于世，虽未见诸实行，而其势已足慑豪强之胆，故就今日而论，土地之分配，与其谓之倾于兼并，宁以谓之倾于细分为较当。揆厥原因，固不止一端，而历代之政治精神，大抵在抑兼并，均贫富，亦有以助成之也。

　　土地之分配政策中，最有重要之关系者，为土地之继承法。而土地之继承，有一子继承法（Anerbenrecht）与众子继承法（Dasgleiche Er-brecht）之别，前者可缓和土地自由分割之弊，而亦可助长兼并之势，后者则可促成土地细分之现象；例如从前德奥采用一子继承法，英国采用长子继承法（Law of Primogeniture），故此三国向多大地主，匈牙利施行华族世袭制（Familienfideikommiss），不许土地让与或分割，而其平民之间，则众子继承之习惯行焉。故过大农地与过小农地之对立，日益加甚。法国小农地与过小农地较多，盖众子继承法有以致之，且法国新马尔塞斯主义（Neomalthusianismus）之流行，群采用二儿制（Zweikindersystem）者，众子继承法，亦与之有关焉。从前我国继承法，虽因地方习惯，稍有差违，而实可称为众子继承法。我国家族制度由来已久，历朝政府，常务欲维持家属共产制度，征之前清礼部则例，足证明之，然数世同居不析家产者，虽时有所闻，而逐代别立户籍以为常，故祖父辛苦经营所得之土地，纵或面积广大，而不阅数代，已如瓜分豆剖，不复能集合如故。我国土地兼并之事较少，而反倾于细分者，众子继承法实为其一大原因。

　　我国国民经济之基础，向在于农业，而财产之最确实，且便于保存者，又莫如土地。且国民素以宝爱土地为惯习，凡拥有田园者，辄为社会所重视，故土地之观念，辄发达于不知不识间，而欲领有之者弥多，虽邻于通商大埠之区域，近数十年来渐有趋向工商，厌弃农地之现象，而在商工业尚为幼稚，交通亦未发达之地方，薄有资产者，虽欲投资以弋利，而不易得其门，势不得不购买土地，聊以自娱。即在农民，其力苟足以自存，亦必置薄田数亩，以立生活之基础，观乎各省半自耕农之颇为发达，可略知其故矣。我国土地之倾于细分者，亦此等事实有以错综而成之也。

　　如上所述，亦可知我国土地分配之概况及其种种原因矣。然则自今而后，将如何而后可耶？此诚为一极重大之问题，而未有不能一概论者。倘平均地权得以实行，其最终目的在土地国有，则土地之分配问题，不在所有权之分配如何，而在耕种权之分配如何，此问题自当另论。若永远维持土地私有制度，则所有权之分配问题与耕种权之分配问题，应一并考虑之。从社会经济上论之，一国土地之所有权，应分与多数之国民，以减轻贫富悬隔之弊，而尤望土地所有者与土地经营者同为一人，庶农村经济之基础，得以确立，否则佃耕制度盛行于世，地主虽有相当面积之农场，而若分贷诸人，则已毁其本来之组织，其于农业生产上及经济上损失，决非浅鲜，且不在地主，实繁有徒，更足促进农民之穷乏与农村之衰颓。我国今日所谓大、中、小地主者，尚无一定标准，大、中、小地主之比例如何，固难确言，而拥有田地至千亩以上者，大抵采取不在主义（Absenteeism），如此不劳所得之地主，若日渐增多，从国民经济或农业经济上论之，均非所宜，此则宜设法以矫正之也。

第六章　农业经营

第一节　农业之集约度

农业经营得大别之为集约与粗放之二种：集约农业（Intensive Cultivation）云者，谓对于一定面积之土地所投之资本及劳力较多；粗放农业（Extensive Cultivation）云者，谓对于一定面积之土地所投之资本及劳力较少者也。惟兹所谓集约与粗放者，只有相对的意义，例如谷草式（Feldgras Wirtschaft）较之放牧式（Graswirtschaft）为集约，而较之轮栽式（Frucht-Wechselwirtschaft）则为粗放，故虽同称为集约或粗放，而其间自有数多相异之阶段，称此阶段曰集约度（Intensity）。

粗放农业，未充分利用土地之生产力，故欲与集约农业举同量之生产，所需土地之面积，自然较大，似于土地经济上为不当，故在人口稀薄，旷土尚多之时代或地方，以采用此法为合理；盖此时地价极廉，劳力不足，与其对于一定面积之土地多费劳力，不若对于一定数量之劳力多费土地，且是时农产物之需要较少，生产虽不多，已足敷粮食之供给也。自时代进步，人口日增，食粮之需要增加，土地之供给渐乏，农民之耕作面积，亦以缩少，故在此时，非就其之狭小之面积，更精密的利用之，不足维持其生活，且不足应粮食市场之需要，于是集约度渐以增高，此种倾向，于地价腾贵，佃租增征之地方为尤著。从历史上观察之，农场概自粗放而趋于集约，新开国之农业与旧开国之农业相较，前者概为粗放的，后者概为集约的，即此理也。

农业经营随人口增加，土地缺乏之趋势，渐自粗放而进于集约，既如前述。而使农民趋此方向之经济的原动力，实为农产物价格之上升；盖人口增加，农产物之价格腾贵，固为需要供给之常则，而因此价格腾贵，农民虽对于土地所投之资本劳力，较前为多，而其收益苟足以偿之，则损益计算上，经营自趋于集约，惟既行集约经营，虽可增加总收益，而对于一定量农产物之生产费，却为之增加，自经济上观察之，欲维持集约经营或推进之，非收获量之增加与生产费之增加，长保其同一步调不可，而此为收益渐减法则所支配，势有难能，虽农业技术，日就改良，亦可中止此法则之作用，俾收益随集约度以俱增，而若农产物之价格不增高，或且下落，则虽技术进步，足以促进农业之集约度，而因农产物价格跌落，收支不相偿，亦难保持其集约度。反之，农产物之价格，若能逐渐上腾，则虽农业技术未见改良，而价格之增加，既足偿生产费之增加而有余，经营农业者，自渐增其集约度。故农业随时代之经过，渐自粗放而进于集约，其原因固不止一端，而农产物价格之腾贵，实有以刺戟农民之利己心，而推进之。即如农业技术之改良进步，亦不外农产物价格腾贵之结果。故谓农业集约化之原动力，在农产物价格之腾贵，非过言也。

集约农业，又可分为劳力的集约与资本的集约。前者谓对于一定面积之土地，投以多量的劳力；后者则为节省劳力计，投下多量之资本。世界各国农业，虽概由粗放而进于集约，而或为劳力的集约，或为资本的集约，其故何欤？盖各国土地资本劳力之需给关系互有异同，有以致之。概而言之，人口稠密，国民多恃农为生之国，土地及资本较为缺乏，而劳力则丰而且廉，故节用高价之土地及资本，而行劳力的集约；反之，工业异常发达，农业人口较少之国，土地及资本较为充裕，而劳力则患不足而价高，故其农业概行资本的集约，以节省劳力。例如美国农业，概为资本的集约，日本农业概为劳力的集约，职是故也。他如中小农多数存在之国，劳力的集约行焉；大农多数存在之国，资本的集约行焉；要亦不外此理由。

兹有宜注意者，集约经营，虽得分为劳力的集约与资本的集约，而称前者为集约，后者为粗放者，往往有之。盖劳力的集约，概为小经营，对于每土地单位面积之收益，务求其多；资本的集约，则概为大经营，对于每单位劳力量之收益，务求其多。故自土地生产力之利用上论之，前者较为集约，后者较为粗放，世人往往称日本农业为集约的，美国农业为粗放的，非无故也。

农业之集约度，随农产物价格之上升而渐增，既如前所述，故他之事情若为同一，则农产物之价格愈高，集约度愈进，否则，集约度自然减退矣。由是可知交通机关之发达如何与集约度至有关系。盖交通机关发达，则运输费用自低，在边远之区，从前交通多阻，输送维艰者，至是得享与农产价格上升相同之利益，其经营之集约度，当渐以增。近来世界各国农业集约经营之区域，较之从前大为扩张者，其原因固种种有之，而交通机关之发达，与有力焉。其次生产费之增减如何，亦所关甚大。生产费之价格下落，其结果与农产物价格之上升，同足促进农业集约度，否则减退之。例如欧战以后拖拉机（Tractor）、联合收割机（Combine）等之农业机械，价格下落，美国、加拿大、澳州之农业，均趋于资本的集约是也。然交通机关之发达，一面促进新开国农业之改良，一面又驯致旧开国农业之衰退。英国 19 世纪中叶，废止谷物平准关税法（Corn Duty in Sliding Scale）后，其农业遂为新开国之廉价的农产物所压倒，而转入于粗放经营，从前之轮栽式，改为谷草式，麦田变为牧草地，其明证也。生产费之价廉，固足促成资本的集约，而其集约度，日进不已，终以生产过剩，农产物价格大跌，势将由集约而再趋于粗放，观乎现在世界农业恐慌之现象，可以知矣。是故农业经营，或趋于集约，或趋于粗放，常视经济事情之变动而殊，未可一概而论之，而农产物价格之变迁，最足转移集约或粗放之趋向，则固信而有征焉。

从前学者中，说明农业之集约度与农产物价格之关系，最精确而透辟者，为 Thünen，即 Thünen 以为农产物与农业生产要素间之价格关系，最足决定农业之集约度。彼曾就农场与市场距离之远近，计算黑麦 1 000 舍费尔（Scheffel）之地方价格（Lokalprice）如表 6-1。

表 6-1

农场与市场之距离 （英里）	价格 （Goldtaler）	农场与市场之距离 （英里）	价格 （Goldtaler）
市场	1 500	5	1 313
10	1 136	15	968
20	809	25	656
30	512	35	374
40	242	45	116
49.95	0		

由表 6-1 观之，可知农场离市场愈近，农产物之价格愈高，愈远则愈低。此即表示农产物与农业生产要素间之价格关系，亦即表示此种价格关系，为决定农业集约度之重要因子。试更述 Thünen 之"孤立国"Der Isolierte Staat 之概要于图 6-1，以资考证。

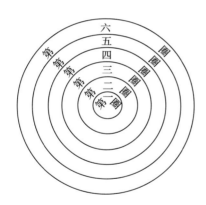

第一圈随意式（Freie Wirtschaft）
第二圈森林（Forst Wirtschaft）
第三圈轮栽式（Fruchtwechsel Wirtschaft）
第四圈平地谷草式（Koppel Wirtschaft）
第五圈三圃式（Dreifelder Wirtschaft）
第六圈放牧地（Viehzucht）
圈外荒芜地

图 6-1

今有一国，与他国绝不交通，国内所消费者，皆由国内生产之。其国之中央有一都市，此即为农产物贩卖之惟一市场。且国内土地平坦，沃度均一，无山岳，无河川，交通惟借普通道路行之，如此各地方之地势，土质及交通状态等，均为同一，所异者惟对于市场之距离有远近耳。Thünen 根据此假定，从理论上决定农业经营之方式，分为六种，其区域如图 6-1 所示，即以都市为中心之六个圆圈也。

第一圈为环绕都市之区域，此处所需之搬运费最少，凡农产物之价格比例上，重量及容积较大，且易腐败，而又要新鲜者，均应于此圈内栽培之，例如蔬菜果实等之园艺作物是也。其次，畜产方面，则以生乳为目的而饲养乳牛；禾谷类不要多栽培之，即栽培亦不重种实，而重稿秆；且此圈内所需肥料，概自都市购入，故肥料易得，用量较多，地方恢复甚速；又此圈内，佃租较高，故土地不要休闲，耕作可全依随意式的行之；惟此圈内，搬运费亦因都市距离之渐远而渐增，肥料之供给亦渐感困难，卒至随意式难以实行，于是第一圈终，而入于第二圈矣。

第二圈与第一圈异，欲自都市购入肥料，甚感不便，故以经营林业为事。盖木材之容积及重量较大而价格较廉，若于远隔都市之地方生产之，恐搬运费过高，收支不足以相偿，故木材之生产，宜于邻接都市之地方行之。惟木材不如蔬菜之易于腐败，不要夺蔬菜之地位，而置之第一圈，故第二圈专经营林业。第三圈则离市场益远，肥料更难得，故行轮栽式，以维持地力，兼营农产制造及畜牧事业，以期多获肥料。第四圈则采用平地谷草式，禾谷与牧草交互栽培之。第五圈则三圃式行焉。第六圈则专以放牧为事，盖此圈内虽用极粗放之农法以栽培谷类，亦不见其有利也。第六圈以外之地方，则全为荒芜地，仅供狩猎之用云。

Thünen 所说"孤立国"之概要，如上所述。由此可知市场距离之远近，实足决定农业之集约度，惟在实际上，一国之内，必有山，有河，有铁道，地势不同，气候各异，交通之便否，亦不能专以市场距离为断，且无论何国，不能不与他国交通，故 Thünen 所谓"孤立国"者，似与事实不符，然其精确之理论，至于不磨。例如土地平坦，气候温暖之地方，集约经营行焉；山岳环绕，气候寒冷之地方，粗放经营行焉；其经营状态，依一定规则而分布，洵足与 Thünen 之所论，互相印证。而 Thünen 依其抽象的理想，以指示农业经营之集约度与农产物价格之关系，尤为近代欧洲农业经济学者所宗，故其"孤立国"说，甚有名于时。

中国现在农业究为集约经营，或粗放经营？若云集约经营，究为资本的集约，或劳力的集约？斯真农业经济上之一重要问题也。原来集约与粗放是相对之辞，本无一定之界限，倘能得适当之共同标准，比较各地方农业经营状况，亦可略知其集约度。通常比较农业经营之集约度，以投于单位面积之资本及劳力之分量为标准，最为适当。惟此法颇有难行者，就劳力言之，劳力之效率（Efficiency），视其所使用器具机械之种类及役畜之种类而大殊。若关于此等条件甚相差异时，仅以劳动人数或日数比较之，恐难得其真相。就资本而言，若以现物之数量比较之，非用同一种类不可，否则颇为烦杂，倘将一切资本改为货币价值比较之，则货币之购买力，因地而殊，难求其划一，且投下资本中，若含有工资，则大经营所用之劳力，多仰给于他人，小经营所用之劳力，概借助于家族，因之资本额大相径庭。故欲比较各地方之资本的集约度，惟于农业经营之主要事情略同时，始可行之，若将劳力与资本并论之，则更难矣。

其次，有用一年中之作物生育日数，以测定土地之利用程度，借以观察集约度者，似非无理。惟生育日数之多少，固足表示作物利用土地之期间之长短，然此期间之长短，非必为测定土地利用程度之惟一要素，且依此法以测定土地之利用程度，在栽培永年生作物时，不免失之过高，在经营蔬菜园艺时，不免失之过低，此亦一缺点也。

其次，作物亩数（Crop Acreage）对于已耕地面积（Cultivated Acreage）之比率，颇足测定土地之利用程度。此法虽不无缺点，而借此比较各地方土地之利用程度，兼以观察农业之集约度，尚可得其概况。现在我国关于农业经营之各种统计，非常缺乏，可以此为标准一考究之。兹据《中国农业概况估计》，示已耕地亩数与作物亩数之比较于表 6-2。

表 6-2

省区名称	已耕地亩数	作物	亩数
	单位：1 000 亩	单位：1 000 亩	对于已耕地之（%）
东北区	223 025	216 904	97
黑龙江	50 475	49 188	97
吉林	66 204	64 727	98
辽宁	71 961	69 652	97
热河	17 546	17 208	98
察哈尔	16 839	16 129	96

（续）

省区名称	已耕地亩数 单位：1 000 亩	作物 单位：1 000 亩	亩数 对于已耕地之（％）
西北区	151 901	162 768	107
绥远	18 639	17 054	91
宁夏	2 004	1 979	99
新疆	13 692	12 472	91
甘肃	23 510	24 076	102
陕西	33 496	41 241	123
山西	60 560	65 946	109
北方平原	327 075	425 055	130
河北	103 432	122 591	119
山东	110 662	147 147	133
河南	112 981	155 317	137
长江下游	293 432	407 234	139
江苏	91 699	150 010	164
安徽	53 511	72 249	135
湖北	61 010	87 892	144
湖南	45 612	46 500	102
江西	41 630	50 583	122
西南区	146 397	182 174	124
四川	96 272	123 863	129
云南	27 125	33 181	122
贵州	23 000	25 103	109
东南区	106 951	140 265	131
浙江	41 209	52 460	127
福建	23 290	26 596	114
广东	42 452	61 209	144
各区统计	1 248 781	1 534 400	123

备考：①已耕地面积指已经耕种的土地面积，森林、荒山、草地等不在内。
②作物亩数指每年种植作物的面积。

表6-1所示，虽尚有疑义，而即此以观，亦足略觇各区土地之利用程度。即作物亩数对于已耕地亩数之百分率，东北区为97％，西北区为

107％，北方平原为 130％，长江下游为 139％，西南区为 124％，东南区为 131％，即各区中长江下游诸省最高，东南区、北方平原、西南区、西北区次之，东北区最下，各区平均为 123％，各区中东北区诸省均不及 100％，西北区除甘肃、陕西、山西外，其余诸省亦在 100％以下，其余各区诸省，虽互有异同，而除湖南、贵州外，皆在 110％以上，故就全国论之，东北区及西北区，土地利用之程度较北方平原、长江下游、西南区及东南区为低，即此足见前二区农业之集约度不及后四区之高。就后四区论之，固不能以此等数字，即测定各区之集约度，而借是考察土地利用之程度，亦可得其大概。至江苏作物亩数对于已耕地亩数之百分率为 164％，在各省中为最高，湖北、广东均为 144％，此为最可注意之事。

中国作物亩数与已耕地亩数之百分率，既如上述，倘能与诸外国比较之，亦可推定中国农业之集约度如何，惜欧美诸国尚乏此种精确的数字，未敢详论。那须博士，尝就日本、朝鲜之耕地栽培率（即栽培面积对于耕地面积之比率）计算之，兹示其结果如表 6-3，以资比较。

表 6-3

地名	水田栽培率（％）	旱地栽培率（％）	水田旱地平均栽培率（％）
日本	138	152	144
朝鲜	116	142	133
合计	135	144	107

由表 6-3 所示，与表 6-2 相较，可见长江下游之土地利用程度，与日本内地，相差尚近，东南区及北方平原相去颇远，西北区及东南区更无论矣。若以各区之平均数（123％）与之相较，其距离之远自不待言，虽江苏 164％，远在日本内地平均栽培率之上，湖北、广东各为 144％，适与之相等，但据那须博士之计算，日本内地各道府县之栽培率，有达于 188％者（香川县），有达于 173％者（福冈县），其在于 160％以上者亦不鲜。故从大体上观察之，中国土地之利用程度，实较日本为低，由此可以推定中国农业之集约度，比之日本尚逊一筹。

更据《中国农业概况估计》之所记，稍为改制，示前记 25 省之各种作物面积如表 6-4。

表 6-4

作物		面积	占作物总面积之百分数
类别	名称	（百万亩）	（％）
禾谷类	小麦	343	22.3
	籼粳稻	284	18.5
	大麦	176	11.5
	高粱	153	10.0
	小米	150	9.8
	玉米	92	6.0
	糯稻	38	2.5
禾谷类总计		1 236	80.6
豆类	大豆	95	3.2
	花生	17	1.1
	豌豆	12	0.8
	黑豆	5	0.3
豆类总计		129	8.4
根菜类	甘薯	27	1.8
	马铃薯	5	0.3
	芋	2	0.1
根菜类总计		34	2.2
纤维类	棉花	64	4.2
	大麻	2	0.1
纤维类总计		66	4.3
其他作物类	油菜子	11	0.7
	甘蔗	3	0.2
	烟叶	2	0.1
	胡麻	1	0.1
	其他	51	3.4
其他作物类总计		68	4.5

　　由表 6-4 观之，谷类占作物总面积之 80.6％，豆类 8.4％，根菜类 2.2％，纤维类 4.3％，油菜等及其他作物总计 4.5％，可知中国之农业偏

于主谷式（Körnerwirtschaft）。中国历代政策，素以民食为重，而农民亦概取自给主义，故谷类作物面积之特大，实为历史的经济的社会的诸种原因综合而成，不足深怪。第从农业经营上观察之，主谷式之集约度，不及轮栽式及随意式远甚。我国现在交通尚未发达，农民经济亦极困难，市民之购买力又甚弱，欲求随意式广行于世，固属难能，轮栽式虽有行之者，而大抵旱田较多，水田较少，然就大体上观察之，旱田仍多连作，水田尤甚，故谓中国农业近于主谷式中之连作式（Einfelderwirtschaft）可也。

据 Carver 之说，以多产的作物（Heavy-Yielding Crops）代替少产的作物（Light-Yielding Crops），亦为农业集约进步之一征。原来纯产物之产量虽同，而其间自有区别，即对于每亩产量之大（Large Product per Acre）与对于每人之产量之大（Large Product per Man），其意义截然不同。前者即集约经营之表征，后者即粗放经营之表征。自人口增加，土地渐乏，欲以一人而耕作面积广大之土地，势不可能。于斯时也，欲维持对于每人之大量生产，惟有增加每亩生产量之一法。而欲增加每亩之生产量，仍不减每人之生产量，其法有二：①即就各作物之已定面积，更增其集约度；②即以生产较多之作物，代替生产较少之作物是也。①不具论，就②略述之。

作物中有需用劳力较多，需用面积较小，而生产较丰者；有需用劳力较少，需用面积较大，而生产较啬者。以前者代替后者，即表示集约度之进步，如美国之小麦地带（Wheat Belt）向西部地方而推移，玉蜀黍地带（Corn Belt）代其位置，其著例也。小麦在世界中，虽为一重要之作物，而从农业上比较其集约度，小麦是瘠薄作物（Poor Crop）之一种。盖小麦之栽培，需用劳力较少，而产量不甚丰，玉蜀黍之栽培，则需用劳力较多，而产量较丰，即玉蜀黍比之小麦适于集约经营也。惟美国小麦之栽培区域向西部地方推移者，与运输上亦有关系，小麦于其容积比例上，价格较高，易运至远方，故近来世界小麦市场，多仰给于土旷人稀，远离市场之地方，故小麦又可称为边界作物（Frontier Crop）。他如市场的园艺作物（Market-Garden Crops），多栽培于大都市近傍，亦运输上关系有以使之然也。

  Garver 对于小麦与玉蜀黍之比较，系就美国之农业状况言之，未必适用于我国，惟其所言作物之种类，产量及运输与农业集约度之关系，其说颇堪借镜。我国之农业经营向无精确之统计，各省之作物栽培面积，是否常有变迁，未敢断言。而从大体上观之，各省之主要作物面积，恐无甚变化，种稻地方常种稻，种麦地方常种麦，种高粱玉米地方常种高粱玉米，此固由于各地方气候土质之不同，不能随意更动，而农业组织墨守成规，鲜有进步，则固信而有征。观之表 6-4 更易了然。且一国之内，园艺之发达状况如何，亦可觇其农业之集约度。德国当 1900 年，谷类之栽培面积，虽亦较为广大，而其在耕种总面积中，仅为 55.3%，根菜及蔬菜类之栽培面积，则有 17.8%，足征其园艺之发达。我国虽尚无园艺作物，而如表 6-4 所示 "其他作物" 中，园艺作物当包括在内。而此等作物面积之总数，仅为 3.4%，则园艺作物之面积极小，可不言而喻。故由表 6-4 观之，可推定中国农业之集约度尚低。

  一国之内，人造肥料用量之多少，亦足表示农业集约度之如何。Fischer 尝就欧洲各国之农业经营状况分为三大圈：①为集约圈（Intensive Zone），②为中等圈（Median Zone），③为粗放圈（Extensive Zone）。而于各圈之内，再分等级，以比利时之农业为集约圈内之第一级，荷兰为第二级，德国为第三级，丹麦为第四级，其余各国均分第级。其衡量各国集约度之标准，虽非专依人造肥料之用量，而此用量实为一重要之尺度。据 Fischer 之计算，耕地每公顷所用人造肥料之量，比利时为 3.82 公担（Doppelzentner），荷兰为 1.87，德国为 1.58，丹麦为 0.56（丹麦人造肥料用量虽较少，而丹麦畜牧最发达，所产厩肥甚丰，足补人造肥料之不足，故其集约度不因是而降低）。其余欧洲诸国，农业集约度之高低，虽非与人造肥料用量之多少若合符节，而大致有相当之关系云。我国所用之人造肥料，概自外国输入，一查此种肥料之每年进口量，即可知其用量之多少。据《海关贸易册》所载，民国 1918、1919 及 1920 年之平均进口量为 3、111、922 担，其数似亦不少，而以表 6-2 所示之已耕地总面积除之，则每亩仅有 0.25 斤，以视比利时人造肥料之每亩用量为 46.8 市斤强，荷兰为 22.9 市斤强，德国为 19.4 市斤，丹麦为 6.86 市斤（此等数字系改算），均不逮远甚。自此点论之，亦可见中国农业之集约度倘低。

以上所述，仅就中国农业之集约度概括言之。若按照表 6-2 所示，各区分别观之，则其间又有异同。我国地域辽阔，各区之气候、土质、水利，人口之密度，交通之状况及其他经济事情，互相悬殊，其及于农业经营上之影响，良非浅鲜。故就一区而言，该区内各省之农业集约度，未必相同；就一省而言，该省内各县之农业集约度，未必相同；即就一县而言，该县各农村之集约度，亦不免稍有参差。欲详细论究之，非一时所可能，兹惟示各省主要作物面积对于作物总面积之百分数于表 6-5，以资比较（据《中国农业概况》估计）。

表 6-5　主要作物面积对作物总面积之百分数（不足百分之一者略）

省区名称	籼稻粳	糯稻	小麦	大麦	高粱	小米	玉米	大豆	黑豆	豌豆	甘薯	马铃薯	芋	大麻	胡麻	油菜子	烟叶	花生	甘蔗	棉花
东北区	1	1	11	3	24	20	7	26	—											
（1）黑龙江	—	—	20	4	17	21	5	32												
（2）吉林	2	1	14	3	21	20	6	34												
（3）辽宁	2	1	4	2	35	15	13	23												1
（4）热河	1	1	5	1	30	42	2	9												2
（5）察哈尔	1	—	10	4	11	20	2	6	1	3	1	6								
西北区	3	1	29	6	10	19	7	4	1	2	—	1								4
（6）绥远	—	—	16	6	12	24	1				2	1		2	2	2				
（7）宁夏	15	5	25	5	5	10					2	5								
（8）新疆	12	2	38	5	6		2	21			3				2					7
（9）甘肃	1	—	36	10	6	15	5	5			3	1			1					1
（10）陕西	5	26	36	8	5	12	9	5	1	2	—				2					8
（11）山西			25	3	18	28	6	6	2											3
北方平原	1	—	33	4	14	11	7	13	1	1	2							2	—	15
（12）河北	—	—	26	3	18	20	13	8	1	—	1							2	—	7

（续）

省区名称	籼稻粳	糯稻	小麦	大麦	高粱	小米	玉米	大豆	黑豆	豌豆	甘薯	马铃薯	芋	大麻	胡麻	油菜子	烟叶	花生	甘蔗	棉花
（13）山东	—	—	34	2	15	14	14	20	—	—	1	—	—	—	—	—	—	2	—	3
（14）河南	2	—	8	7	10	11	6	9	1									1		6
长江下游	30	4	22	11	4	1	3	10	—	1	2									7
（15）江苏	17	4	28	15	4	1	3	13	—	1								1		8
（16）安徽	29	3	30	10	7	1	1	12												3
（17）湖北	25	2	21	12	3		7	6			2							1		10
（18）湖南	43	4	7	3	3	2	4	6			5					1		1	1	6
（19）江西	57	7	9	4	—	2	—	3			3					2		2		4
西南区	34	5	14	7	4	1	11	7	1		2					2				
（20）四川	35	3	15	7	4	1	10	6			3					3		1		3
（21）云南	34	7	13	6	2		12	8	1	1		1		1		1	1		2	1
（22）贵州	36	11	10	8	3		13	9			1	1				1				3
东南区	63	7	10	4	—	2	1	—	—		3					1		1	1	1
（23）浙江	45	9	17	9		1	2				6					3				3
（24）福建	56		15	3	—	4	—	6										2	1	
（25）广东	81	5	2	1		1		3			3							1	1	

表 6-5 所例数字，虽尚欠精确，而依此观察各区主要作物之种类及栽培面积之分配状况，亦可略知其集约度之如何。即长江下游西南区及东南区，均以稻为最主要之作物，小麦次之，西北区及北方平原，均以小麦为最主要之作物，其次主要作物，虽稍有不同，要不外高粱、小米、大豆、玉米等。东北区则以大豆、高粱为最主要之作物，小米、小麦次之。原来作物之栽培方法，或为集约，或为粗放，因地与时而殊，不得谓栽培某种作物，即为集约或粗放；即就同一作物而言，其栽培之集约度，亦因地与时而殊，未可同一视之。然就现在中国之农业状况而言，主要作物之栽培面积，以小麦与稻之栽培面积为最大。倘比较此两作物栽培之集约度，亦可知其概略。Buck 教授，尝就中国 7 省 17 地方 2 866 个农场，计算各作物所要人工单位（Man-work Units）（作物亩数单位为公顷），小麦平均为

59.95，稻为116.67，由此可知在同一面积内，栽培小麦或稻，其所要之人工单位数，相差颇大。Buck又就各作物每公顷所要之畜工单位（Animal-work Units）计算之，谓各作物每公顷所要之畜力（Animal Labor）虽遥少于人力，而植稻所要之畜力比之他种谷物为高，若与小麦相较，则稻每公顷所要之畜工单位为31，小麦为20。小麦与稻之栽培，固未可专以人工单位及畜工单位之多少，衡量其集约度，而就现在情形而言，植麦或植稻之地方，经营土地者，概以劳力为惟一之要素，故即此以观，可知稻之栽培较小麦之栽培为集约的。且稻之栽培，每公顷所要之人工单位，比之高粱、小米、大豆、玉米等亦遥高（高粱为72.15，小米为75.54，大豆为60.98，玉米为66.26）。由此可以推定长江下游东南区及西南区之集约度，较之他区为高。北方平原之最主要作物与西北区同，其次主要作物大抵与西北区及东北区相同，似其间无甚区别。惟参照表6-2所示，并比较三区人口之密度，交通之状况，与开发时期之新旧，可断定北方平原之集约度，较之西北区及东北区为高。至就各区中之同区而言，一区内之各省集约度，亦应互相悬殊，惟欲确定何省最高，何省最低，现尚无详且确之统计，足资考证，未敢断言，俟将来再加研究焉。

　　中国农业之集约度尚低，各区之集约度，互有异同，上既述之矣。顾如前所言，集约与粗放，本为相对之辞，各区或各省之集约度，既有彼高于此者，则单就集约而言，是否为劳力的集约，或资本的集约，是又不可以不辨。概而论之，中国农业较为集约之地方，其集约为劳力的，非资本的，则已毫无疑义。盖中国农业多为家族经营（Family-farm）（后当再论），若将自家劳力，改算为他人劳力，计其工资，则此种工资，在农场费用中，当占大部分。Buck曾就前记2 866个农场调查农场费用之价额及其比例，计算每农场各项费用之平均数，示其结果如表6-6。

表6-6

项目	价额（元）	占总费用之百分率（%）
家工	64.22	47.0
雇工	24.87	18.2

（续）

项目	价额（元）	占总费用之百分率（%）
资本减损额	7.44	5.4
杂项	6.90	5.1
饲料	6.63	4.8
建筑及修缮	5.44	4.0
租税	5.28	3.9
肥料	4.65	3.4
购买家畜	4.25	3.1
农具	3.72	2.7
种子	3.24	2.4

从表 6-6 观之，每农场之家工占总费用之 47%，与雇工合计之，则工资占总费用之 65.2%，其余各项费用，均为少数，由是可知中国农业，实以劳力为惟一之经营要素。Buck 又曾就前记农场，计算各作物所要之劳动时间，与美国比较之，示如表 6-7（单位一小时）。

表 6-7

作物名称	每公顷所要之劳动时间	
	中国	美国
棉花	1 620	289
甘薯（中）马铃薯（美）	1 184	203
玉米	663	47
高粱（中）Kafie and Milo（美）	637	48
冬小麦	600	26
大豆（中）Field Beans（美）	610	86

中美对于同一面积，栽培同一作物所费之劳动时间，竟相差如是之大，此固由于美国多用农业机械及役畜，致有斯歧异。而即此以观，盖足证中国之农业经营，殆全仗乎劳力。故中国各区之集约度虽不同，而其中有趋于集约或已达于集约者，其劳力的集约，可不烦言而自解矣。

要而论之，中国农业之集约度尚低，各区中虽有较为集约者，而其集约为劳力的，非为资本的，依前所述，可以了然。惟农业上更有一最重要之问题，与集约度极有关系者，即中国土地之生产力，已否达于收益渐减之境界是也。兹特并论之。

欲论一国之土地，已否达于收益渐减之境界，可先考察其土地之生产力，已否充分利用之。此固涉及种种问题，未可一概而论。然后对于一定面积之粗收益观察之，亦可得其大概，Buck 尝就前记农场主要作物每公顷之平均产量计算之，以之与各国比较，示其结果如表 6-8〔产量单位为公担（Quintal）〕。

表 6-8

国名	小麦产量	米谷产量	玉米产量	棉花产量	甘薯产量
丹麦	33.1	—	—	—	—
比利时	25.3	—	—	—	—
英本国	21.2	—	—	—	—
日本	13.5	30.7	—	—	—
法国	13.1	—	—	—	—
美国	9.9	16.8	16.3	2.0	24.6
中国	9.7	25.6	7.5	1.8	68.5
印度	8.1	16.5	—	0.9	—
阿根廷	6.2	16.8	13.8	—	—
俄国（欧洲部）	5.9	—	—	—	—
意大利	—	—	15.8	—	—
罗马尼亚	—	—	13.1	—	—
埃及	—	—	—	4.5	—
墨西哥	—	—	—	4.4	—
巴西	—	—	—	3.0	—

由表 6-8 观之，中国小麦每公顷之产量，虽较多于阿根廷、印度及俄国，而倘在美国之下，其视丹麦、比利时不逮远甚。Buck 以为中国小麦之栽培法，比之美国稍为集约，而其产量殆与美国相同者，或因美国气候之适于小麦，较胜于中国，此说或为可信，惟日本气候，对于小麦之栽培，决非胜于中国，顾日本小麦每公顷之产量，反较中国为多，可见中国小麦产量之小，非全由于气候。中国米每公顷之产量虽遥多于美国，而尚不及日本。中国产米之区，大抵在扬子江流域、珠江流域及闽江流域，此

等流域地方，气候土质之适于稻作，较之日本，有过之无不及焉。Buck 亦谓日本之气候土质，未必胜于中国，而中国每公顷之米产量不及日本者，盖由于日本稻之栽培法，较为集约故也。甘薯每公顷之产量仅与美国相较，尚难确定中国甘薯之产量，是否丰裕。他如玉米及棉花，亦远不如人。由此等事实观之，可见中国之土地生产力，尚未充分利用之，至其所以未能充分利用之原因，固不止一端，而其主要大抵为①作物品种之未改良；②肥料用量之不足，或施肥方法之未当；③农具之笨拙；④病虫害防除法之未讲；⑤水利之不修，或排水灌溉设备之不完全。凡此诸事，皆足阻土地生产力之增进，他如农业组织之偏于耕种，农村资金之非常缺乏，交通之不便，及运输之困难，农村教育之未发达，谷物关税之未实施，亦直接或间接影响于土地之利用。是以中国现在土地之生产力，尚绰有余裕，倘能将上述诸端，改善而实行之，则虽农民所投之劳力及资本稍有增加，而土地收益必可大增。就令集约度昂进，不免濒于收益渐减之境界，而生产技术及经济事情，苟已改良，亦足中止收益渐减法则之作用，或缓和之。由此等事实观之，可见中国土地，尚未达收益渐减之域，即中国农业尚未达耕作集约之限界，并可以推定中国之农业生产，大有增加之余地，农业经济之前途，亦有厚望焉。中国农业，尚未达耕作集约之限界，既如上所述。然则中国农业不论何地，一律设法促进其集约度可乎？是又不可混同论之。据 O'Brien 之说，集约度是比较之辞，所谓最适当之集约度（Optimum Intensity）者，无绝对的标准（Absolute Standard），诸学者间多因其观察点之不同，辄对于集约度之议论，异其见解。例如英国学者，多以举最大之总收益为集约之限度；美国学者，多以举最大之纯收益为集约之限度。即前者注重对于每单位面积之最大利益；后者注重对于每单位劳力之最大利益。Dr. Spillman 谓农民之目的，固在举最大之收获，但不论何时，必为某种因子所限制，若限制的因子（Limiting-factor）为土地，则经营之目的，应在求对于每单位面积之最大利益；限制的因子为劳力，则经营之目的，应在求对于每单位劳力之最大利益。Warren 谓欧洲农民，不免浪费劳力，美国农民不免浪费土地。Marshall 亦谓美国农民，概在求对于劳力之生产之大，至对于土地之生产，其比例虽小，不以为意云。由上述诸说观之，可见各国农业之集约度，概视其农业上之限制的因子为何，而互有悬殊。旧开国与新中国之集约度不能同一者，职是故也。我国农业区域，甚为广大，自然状况南北不同，经济事情彼此互异，兹姑措而不论，第就人口之关系观之，即可知各区农业集约度所以不同之故。兹据《中国农业概况估计》，示各区每人平均所得及每农户平均所耕之亩数于表 6-9。

表 6-9

区名	总人口中每人平均所得亩数	每农户平均所耕亩数
东北区	6.93	56
西北区	4.62	32
北方平原	3.29	22
长江下游	2.16	16
西南区	2.57	15
东南区	1.72	13
总计	6.97	21

备考：本表所列亩数，指已耕地面积而言。

由表 6-9 观之，每人所得之平均亩数及每农户所耕之平均亩数，东北区最大，西北区、北方平原、西南区、长江下游顺次而下，东南区最少，若将东北区及西北区为一组，长江下游及东南区为一组，从大体上比较之，则前者土地较多，人口较少；后者人口较多，土地较少。即前者之限制的因子为劳力，后者之限制的因之为土地，所以前者之农业，较为粗放，后者之农业较为集约。北方平原及西南区，则介乎此二组之间，故其农业比之前者较为集约，比之后者较为粗放。此固由于气候之影响，而土地与劳力之关系，各区不同，实为其最大原因之一。然若任其自然，不为之设法调节，则东北区及西北区，不免有浪费土地之虞，长江下游及东北区不免有浪费劳力之虞。故移民实为解决人口问题及土地问题之一策，此西北开发与东北收回在所以不容或缓者也。

惟有宜注意者，移民足以调节农村之人口，于土地分配上及土地利用上，均有良好之效果。而若欲积极的改良农业，增加生产，则非专恃移民所能奏其功，盖土地之供给有限，人口之增殖无穷，世界各国之农业，其初限制的因子，概为劳力，其后则渐转为土地。例如美国对于欧洲诸国为新国（New Country），而对于南美诸国则为旧国（Old Country）。即从前号为新国者，今已渐变为旧国，后之视今，犹今之视昔，中国亦不能独外此例。今日东北区及西北区，固有土地有余劳力不足之感，而在将来，决不能保持此种现象。故就中国全体而论，将来农业之集约度，虽各区间因气候土质之相违，仍不免互有异同，而不论何地方，其对于土地之一定面积，必增其集约度，当无疑义。第从社会经济上论之，以生产之多为贵，农业愈集约，利益愈宏，而就个人经济上论之，则农民但求纯收益之多，孰为集约，孰为粗放，非其所计及也。固国家欲振兴农业，增加生产，而又望社会之利益与个人之利益相一致，须先奖励农业生产技术之改进，而凡与农业有关之经济事情，尤宜极力设法刷新之，俾农民经营土地，有趋于集约之可能，社会亦得享农产增多之利益，否则难矣。近年以来，农产物价格，一蹶不振，农业经济，概入不敷出，但望其维持现状，已属难能，欲责以多加劳力及资本，以增进集约度，是缘木求鱼也。

第二节　农业经营之大小

普通所谓大农场及小农场（Large and Small Farms）者，概依土地之面积定之。然仅以面积为标准，尚不足比较两农场之重要关系。O'Brien谓市场之状况，土壤之沃度，耕作之集约度，作物之种类，可衡量各种农场之相互关系。且面积为相对之辞，土地之面积虽同，而有时以之为菜园（Market Garden）则甚大，以之为牧场（Cattle Ranch）则甚小。惟面积为衡量各农场之共同标准，故以之比较农场之大小，尚为适当。Taylor亦谓各种土地之效用不同，土地单位面积所要之劳力及设备，互有悬殊，不得单以面积测定农场之大小。惟面积为各农场所通有，依此论究农场之大小，虽不及以劳力分量为标准者之适当，而以之为出发点，未始不可云。各国关于农场大小之统计，概以经营面积为标准分类之。例如从前德国土地统计，以 2 公顷以下为过小农，2 至 5 公顷为小农，5 至 20 公顷为中农，20 至 100 公顷为大农，100 公顷以上为巨大农。美国 1920 年之农场，则以面积为标准，分为 10 级。其他各国，亦各随其农场面积之大小分类之，等级颇多。从农业统计上论之，此分类法，颇为便利；但自农业经营上论之，殊嫌其未当。盖土地之面积虽同，而其生产力及使用法，不无差违，且即以面积定大小之范围，而此标准，亦因国或地方而殊。例如法国及丹麦 1 公顷或 2 公顷之农场为小经营，而在德国 2 公顷以下之农场，统计上视为过小经营，英国农场至少须有 30 英亩，方足维持生活，澳大利亚 50 公顷以下，皆为小经营，美国 100 至 200 英亩以下，尚称中经营，德国南部有 56.5 公顷者，可称为大农，而在北部非有 250 公顷者，不得为大农。故依面积之广狭，定农业经营之大小，尚非至当。

自农业经营上论之，农业之大小，宜就农业经营之种种事情区分之。如 Thaer，Pohl，Kraemer，Krafft，及其他学者，以经营者对于农业之关系，为区分农业大小之标准。经营者对于农业之关系，虽不止一端，而依经营者用于农业之劳力种类及分量，区分农业之大小，较为普通。Thaer 分农业为大、中、小：经营者自行指挥监督而尚须用人以辅之者，谓之大；经营者惟当指挥监督之任，而不从事劳动者，谓之中；经营者及其家族（或一二之雇工）共为劳动者，谓之小。Roscher 之说，与之稍异：经营者专当指挥监督之任者，谓之大；经营者以指挥监督为专务，而有时从事劳动者，谓之中；经营者及其家族均从事劳动，而其所经营之农场，殆足充分利用其劳力者，谓之小；经营者以外，别需指挥监督者，谓之领地农（Herrschart）；农场之规模极小，经营者及其家族不能充分利用其劳力者，谓之分地农（Parzellen）。Pohl 之分类法，与之略同。Kraemer 则更细别之如下：

（1）小农场（Kleine Güter）之特征，在经营者即为肉体的劳动者（Handarboliter），其经营得以自己及其家族之劳力遂行之，而不要别需工人之补助，此阶级更细分之如下：

（a）最小农场或分地农场（Kleinste Güteroder Parzellen Besitzungen），

即其经营尚不能形成独立之企业者也。

（b）较小农场（Kleinere Güter），即其经营足形成独立之企业者也。

（c）狭义之小农场（Kleine Güter in Engeren Sinne），即其企业之独立，虽与前同，而其经营尚须用二头之牛或马，以助耕耘与搬运者也。

（2）中农场（Mittelgross Güter），即经营之面积较大，企业者之家族劳力，不足以应之，而尚须别雇工人以辅助之者也。

（3）大农场（Grosse Güter），即农场所需之劳力，概仰给于工人者也。此阶级更分为二，如下：

（a）中等大农场（Mässig Grosses Gut），即农业上之指挥管理，经营者悉自任之，而惟事务之监督，尚须有人辅助之者也。

（b）特别大农场（Eigentliche Grossgut），即指挥管理之实行，亦须有人辅助之者也。

如上所述，诸学者之分类法，虽略有异同，而以劳力之种类及分量为标准，区分农业经营之大中小，则一也。日本横井学士则谓农业经营，宁以分大小二种为便利，经营者投下资本，使用劳力，以得企业利益为目的者，谓之大经营；经营者虽非不投下资本，而其收入概为自己及家族之劳力之结果者，谓之小经营。即大经营以资本要素为重，小经营以劳力要素为重，经营上之基础，大相径庭也。此说颇简括，而适于实用。

农业经营之大小，以何者为有利，自古以来，诸学者颇殊其说。18世纪，德国之官方学者 Camralist 以为小经营可以增加农村之人口，丰富食粮之生产，助成都市之发达，以增多纳税者人数，俾裕国课，故推奖小农制。英法之重商主义者（Mercantilist），亦谓小经营概为集约，而总收益多，其结果得养多数之人口，故在国民经济上为有利。凡此诸说，皆鉴于当时国情而主张之者也。嗣 Adam Smith 出，虽反对重商主义，而其赞同小经营，则与之同。惟官房学者及重商主义者，不区别自耕农与佃农，一律以小经营为可；Adam Smith 则专以自耕农为对象而立论，稍有异同耳。嗣重农主义者（Physiocrats）以农业为富之惟一源泉，本其创见，谓大经营所费较少，富之生产较多。英国农政学者 Arthur Young（1741—

1820）亦谓大经营能举最大之纯收益，而推奖大农制。彼之学说，颇广布于欧洲大陆诸国。德国 Thaer，亦祖述其说，主张大经营之优越。盖当是时，风靡社会之自由主义经济学说，以为举最大之纯收益者，在国民经济上为有利，故基此见解，以大经营为可。且其时地主为支配阶级，土地兼并为社会所公认。如英国公有地之围绕，德国公有地之分割，即其明证。大农之优越论，亦应当时之社会经济事情而生焉者也。

自社会主义之学说兴，对于大小农之得失，亦论争颇烈，遵奉马克思主义者，以为农业与工业同，大经营得应用最新之技术，利用效率甚高之机械，以发挥最大生产力；小经营则惟墨守成法，为封建时代之遗物，若任其自然，小经营必为大经营所压倒，即有继续存在未至灭亡者，非因其生产力足与大经营相颉颃，乃因其自耕面积狭小之地，忍饥耐寒，以苟延其残喘耳。如此小农不辞非人类的生活，以维持其业务，若许其永久存在，是阻人类社会文化之向上也，故宜排斥之云。然遵奉马克思主义者中，有所谓修正派（Revisionist）者，则以为工业为机械的生产，农业为有机的生产，不区别此二者，而以同一论调批评之，为不合理，并谓小农为集约耕作，驱逐大农之倾向，且小农概以家族之劳力经营土地，非榨取他人之劳力，故虽认可之，亦不悖乎社会主义之理想，此政府所以应行种种政策，以保护小农也。由是观之，虽同为社会主义者，而一派推奖大经营，一派推奖小经营，其意见根本上不同，可以知矣。

如此，论农业大小之得失，或以大经营为可，或以小经营为可，其代表的学说，实因时代而殊，即其时代之社会经济事情，若要求大经营，则大农优越论以生，否则，反对之。至近来各国政党所标榜之农业政策，其目的在获得多数之投票，以争政权，故左袒大农或小农，概视其国之社会情形而有所变迁，然则其主张，皆偏于一方。此外，有所谓折衷说者，以为农业经营之大小，各有短长，若大农与中小农适当配合之，则于国民经济最为有利，例如 Eriedrich List 谓农业经营大小之优劣，非当以收益为标准而论之，其分配状态，须足使全国民蒙其利益，理想的分配状态，固因国与时代而不同，而在德国，则以中经营（20 至 50 公顷）及小经营

（5 至 20 公顷）为主，多少之大经营与过小经营杂处其间，最为适当云。德国历史学派之经济学者概祖述 List 之说，以为大小经营之分配，为历史发展的结果，现在大小经营之共存状态，最为适当。此种主张，农业经营学者，多赞同之，如 Settegast，Goltz，Aereboe 等，皆从农业经营学之立场，而主张大小经营共存论者也。

由上所述，可知论农业经营大小之得失者，约分三种：即①主张大农论者，②主张小农论者，③折衷说是也。然在实际上，农业经营之大小，视种种事情而殊，未可一概论之，兹举其主要者如下：

就自然状态言之，地势及气候，至有关系，大抵平原广阔之区，适于大农，山岳起伏之地方，则大农不易行。Taylor 谓崎岖地方（Broken-Country）农场之面积常小，足以证之。气候温暖之区，小农组织，易以发达，气候寒冷之区，则以大农为多。而一年间雨量之分配如何，亦有关系，如我国南方之梅雨及北方之夏雨，颇足为大经营之障碍。

就经济的事情言之，地价较高工资较低之地方，适于小农，反之，则以大农为宜。至市场距离之远近，人口密度之大小，亦与之有大关系焉。

就农业之方式（Types of Farming）而言，则其间亦大有悬殊。O'Brien 谓谷类之栽培，大农场较为有利，例如美国棉田面积，概较麦田为小，其一证也。Levy 谓玉米之栽培，纯种家畜（Pedigree Stock）之蕃殖，及混同农业（Mixed Husbandry）之经营，俱以大农为有利；马铃薯之耕作亦然。小农则以果树蔬菜之栽培及家禽之饲养为有利云。凡此诸说，固未必与各国之农业组织，都相适合，而即此足见农林之方式与经营大小之关系，至为密切。就经营者本身论之，则经营者之智识及管理能力（Managerial Capacity），家庭之大小及资本之多少，均足左右农业经营之范围。

如此，农业经营之大小，视种种事情而殊，固未可执一以绳之。而此二者之得失究若何？兹更综括前述诸说，略论如下：

主张大农论者，大抵谓大经营有下列数项之利益：即①大经营得行分业，以增高劳力之效率；②得使用机械，以节约劳力；③得充分利用役畜器具及机械等；④得减少建筑物对于农场面积之比例；⑤得缩小道路、畦畔等不生产之地；⑥得于购买、贩卖及搬运上占有利之地位是也。凡此诸项，诚为大农之所长，小农之所短，然从实际上观之，大农所有之利点，亦未必悉如主张者之所云，盖农业与工业异，受自然力之支配颇大，欲将其作业集中于一定之面积与一定之时间，均非易事，故农业经营上，得行分业及使用机械之范围颇狭，虽欲借是以节约劳力，或增高其效率，而其结果，大有限制。且农场之作业监督至难，若面积过大，则每日往复于作业场所间，浪费时间不鲜，故大经营虽可节约劳力，而因田间之监视不同，反有时减少劳力之效率。小农则自当耕作之任，农业上之管理易易以周到，故其作业敏捷，诸事皆能节约，且经营上所需劳力，不须仰助他人，故播种施肥收获及其他作业，得于最适当之时期行之，虽气候激变时，亦鲜受其损害。至大农在各种交易上所特有之优点，小农亦得利用合作组织，于金融、购买、贩卖及其他交易上，享受与大农相等之利益。且大农对于一定面积之土地经营费用虽较小农为少，而仍不能如工业以丰富之资本，精巧之机械，供给廉价之商品，压倒手工业，以独占市场。欧美诸国自产业革命以来，工业上之小经营，已早为大经营所驱逐而无以自存，而在农业上，则大经营与小经营，杂然并列，今犹如昔。Hertz 尝搜罗各国之诸种报告及统计，证明美、法、意大利、比利时及德国南部，中农及小农，概有增加，且谓以增加之趋势，今后当益著。Levy 谓美国东部地方，自受西部地方农业之影响，小农之以生乳、果实及蔬菜之生产为主者，益增加云。由此可知大农固有其特长，而尚无扑灭小农之可能，且小农如能顺应环境善自经营，亦可屹然自立，此即农业与工业相异之要点也。若以工业上大经营优越之理论，完全适用于农业，实不可能。

要而论之，诸学者论农业经营大小之得失，虽互有异同，而其谓大经营纯收益较多，小经营总收益较多，殆相一致。然从农业经营上观察之，固可以收益为标准，评其得失；而从社会经济上论之，则农业上之利害，非可专以收益之多少而判定之，农业之人口支持力如何，不可不计及之。据 Conrad Hesse 所著 *Volkwirtschaftsoolitik* 之记载，依德国 1907 年及 1925 年之经营调查结果，农业经营之规模愈小，则每单位面积（百公顷）之工作人数愈多云。表示之如表 6-10。

表 6-10

经营面积	工作人数		自前数减去经营者之数	
（公顷）	1907 年	1925 年	1907 年	1925 年
0.5 以下	490.3	596.7	395.4	353.4
0.5~2	169.0	196.0	134.4	133.6
2~5	87.8	94.4	65.1	67.7
5~10	54.0	56.6	41.0	43.0
10~20	36.4	37.7	29.6	30.6
20~50	23.9	25.8	20.7	22.4
50~100	18.1	21.9	16.7	20.4
100~200	20.2	23.0	19.5	22.3
200 以上	16.8	19.5	16.6	19.3
合计	47.4	56.0	38.3	42.0

由表 6-10 观之，可知农业之人口支持力，小经营较之大经营为大，此实为小农胜于大农之一要点。惟小经营较为集约，每单位面积之生产力较高，大经营较为粗放，每单位劳动量之生产力较高，故大小经营之得失，仍视土地及劳力之需给关系而殊，不能谓某国或某地方多大农，其农业必进步，亦不能谓某国或某地方多小农，其农业必发达，要视其国或地方之经济事情及自然状态之如何，而后可下断语也。

要而论之，农业经营之大小，为相对之辞，其得失固不能一概而论，而若大农失之过大，小农失之过小，则皆有害而无利。前者如奥国 Furst Scharzenberg 之大农场，其著例也。此种大农场，导源于世袭财产制度，从前欧洲各国往往有之，其规模虽宏广，而与大工业之发达异，利益不能出普通大农场以上，而弊害却远过之。盖过大农场（Unduly Large Farms）之发达，势必至并合附近之中小农场，使多数农民失其经济上独立，转徙他方，以酿成人口减少之弊。而有此种大农场者，又必划其农地，以供游乐之用，是不啻减少一国之生产也。从前爱尔兰人口之减少，源于土地之兼并，普鲁士移住之盛，非在于人口稠密之西部诸州，而在人口稀薄之东部诸州，盖东部为大农地方也。小农之失之过小者，其弊亦多，盖过小农之经济上地位甚危，一遇天灾及其他事故，辄沦于穷困，不能自拔，弱者填沟壑，强者散而之四方，故过小农之多数出现，殊非国家之福，即幸而天时顺适，旱潦不兴，而过小农资本既极缺乏，自己及家族劳力，复不得充分利用之，故一国之农地中，苟过小农场（Unduly Small Farms）占其大多数，其影响于国民经济者，当非浅鲜。

如此，过大农场及过小农场之发达，不惟在经济上为不利，即从政治上及社会上观察之，弊害亦多。是以欧洲诸国，制定法律，以防止过大农场或过小农场之弊者，往往有之。例如英国及丹麦之小农地法，其政策之主旨，在创设小农地，且保护之；爱尔兰土地之购买法（Land Purchase Acts）之颁布及康斯特德区议会（Congested Districts Board）之设立，其目的在创定自耕农，并扩张过小农场之面积，其明证也。

中国农业经营之大小若何，应就农业经营上之各种事情考察之。现在尚乏此等统计，殊难详论，即就经营面积而言，虽间有二、三报告，足资印证，而大都限于一局部，前北京农商部曾调查各省区农家耕种田地之大小，分为五级，以资比较，但其前后报告，差异颇多，未足征信。兹姑据《中国农业概况估计》，示每人平均所得及每农户平均新耕之亩数于表 6-11，以供参考。

表 6-11

省区名称	总人口中每人平均所得亩数	每农户平均所耕亩数
东北区	6.92	56
黑龙江	12.12	102
吉林	7.87	70
辽宁	5.00	41
热河	5.48	40
察哈尔	8.48	54
西北区	4.62	32

（续）

省区名称	总人口中每人平均所得亩数	每农户平均所耕亩数
绥远	9.27	75
宁夏	5.21	37
新疆	5.56	40
甘肃	4.32	30
陕西	3.15	24
山西	5.08	32
北方平原	3.29	22
河北	3.35	24
山东	2.95	19
河南	3.62	22
长江下游	2.16	16
江苏	2.60	18
安徽	2.50	20
湖北	2.14	15
湖南	1.69	12
江西	1.73	13
西南区	2.57	19
四川	2.56	19
云南	2.69	20
贵州	2.51	19
东南区	1.72	13
浙江	1.99	13
福建	2.30	14
广东	1.35	12
各省区总计	2.97	21

表 6-11 所示，每农户所耕亩数，系就已耕地亩数计其平均数，是否为实际耕种亩数，未敢明言。又土地经营面积与土地所有面积，是否划清，亦难悬揣。至各省农场面积，有若干亩以上或以下者，其百分率如

何，更未分别记之，故表 6-11 尚难表示各省经营面积之分配状况。惟就此观察之，可以略知各区或各省中，何区或何省适于大农或小农之发生，并可推测各区或各省现在及将来农业经营大小之趋势，即该区或该省每农户平均所耕面积及每人平均所得面积较大者，大农必较多；较小者，小农必较多。东北区及西北区各省，大农易以发达；长江下游及东南区各省，小农易以发达；北方平原及西南区各省，介乎其间。征之表 6-11，已可推知之。

更进而考察各省及各县之经营面积之大小如何，现尚不可能，兹惟举二、三较为可信之资料，以资比较。

（1）Buck 教授 7 省 17 地方 2 866 个农场之调查（表 6-12）。

表 6-12

地名		农场面积（公顷）		作物面积（公顷）		作物公顷面积	
		平均数	中位数	平均数	中位数	平均数	中位数
	华北						
安徽	怀远	3.68	2.64	3.47	2.53	5.59	4.20
	宿县	4.83	3.16	4.46	2.80	7.21	5.14
河北	平乡	1.14	0.87	0.99	0.79	1.21	1.02
	盐山（1922）	1.98	1.52	1.84	1.49	2.82	2.18
	盐山（1923）	3.68	2.91	3.41	2.75	4.91	4.04
河南	新郑	3.07	2.44	3.00	2.39	5.10	3.77
	开封	3.33	2.79	3.22	2.67	5.47	4.59
山西	武乡	1.85	1.50	1.84	1.43	1.91	1.50
	五台	8.30	8.81	8.17	8.69	8.17	8.69
	平均	3.54	2.64	3.38	2.53	4.71	4.04
	华东及华中						
安徽	来安（1921）	4.11	3.92	3.96	3.86	4.70	9
	来安（1922）	2.54	2.26	2.53	2.23	3.32	2.98
	芜湖	1.68	1.21	1.66	1.21	2.97	2.09
浙江	镇海	1.30	1.00	1.30	1.00	1.45	1.19
福建	连江	1.01	0.60	1.01	0.60	1.14	0.73

（续）

	地名	农场面积（公顷）		作物面积（公顷）		作物公顷面积	
		平均数	中位数	平均数	中位数	平均数	中位数
江苏	江宁（淳化镇）	2.21	1.94	2.11	1.86	4.17	3.73
	江宁（太平门）	2.23	2.13	2.13	2.13	3.38	3.18
	武进	1.32	1.15	1.14	1.04	2.05	1.94
	平均	2.05	1.58	1.98	1.54	2.54	2.54
	总平均	2.84	2.13	2.72	2.13	3.86	3.18

（2）北平大学农学院农业经济系河北 22 002 户农家之调查（表 6-13）。

表 6-13　河北 22 002 户经营面积分配状况

每户耕种亩数	户数	
	实数	％
5 及 5 以下	4 055	18.43
5 以上至 20	9 779	44.44
20 以上至 50	5 447	24.76
50 以上至 100	1 991	9.05
100 以上至 200	618	2.81
200 以上	112	0.51

（3）浙江大学农学院农业社会学系杭嘉湖 20 县之调查（表 6-14）。

表 6-14　浙江杭嘉湖 20 县经营面积分配状况

每农户耕种亩数	平均（％）	每农户耕种亩数	平均（％）
5 亩以下	39.53	5～10 亩	33.05
10～25 亩	19.37	25～50 亩	6.97
50～100 亩	0.87	100～200 亩	0.17
200～500 亩	0.03	500 亩以上	—

（1）之调查，系调查者于各地方任意选择若干农家，考察其经济状况，故表 6-12 所记之农场面积及耕种面积，尚不足充分表示各县经营面

积之分配情形，惟依此比较各县农业经营之大小，可以觇其大概，而农家之耕种亩数，北部较大，中东部较小，尤足借此证明之。

据表 6-13 所示，河北 22 002 户农家中，每户耕种面积在 5 亩以下者 18.43%，5 亩以上至 20 亩者 44.44%，即在 20 亩以下者已约有 63%，20 以上至 50 亩者仅有 24.76%，50 亩以上至 100 亩者更少，100 亩以上益微不足道。由此可知河北各县，小农较多，大农较少。由表 6-14 观之，浙江杭嘉湖 20 县每户之耕种面积，在 5 亩以下者 39.53%，5 亩至 10 亩者 33.05%，合计之，占 72.58%，10 亩至 25 亩者，仅有 19.37%，其余递升而上，百分率更随以减少，50 亩至 200 亩以上者，合计之，亦仅有 1.07%，以此足见杭嘉湖各县过小农最占多数。若将表 6-13 与表 6-14 对照之，足见河北各县虽多小农场，而比之浙江，则其面积较为广大。北方及南方诸省，固不能以河北及浙江概括之，而依是已足觇南北农业经营之大小，南北农业状况之异点，于此亦可见其一斑。

中国各省农业经营之大小，互有异同，照前所述，已可了然。惟所谓大小者，本无一定之标准，欲知其大小之程度若同，则非与外国之农场面积，互相对照，恐莫能明，试略论之。

英国自 19 世纪中叶，撤废谷物条例以来，其农场不胜新开国之竞争，渐流于粗放，遂为大农之国。据 1921 年之调查，100 英亩以上之农场，占农地总面积之 67%，又据 1926 年之调查，英国每一农场之平均耕地面积为 9 公顷。美国向为大农之国，据 1920 年之调查，100 英亩以上之农场，其经营数占全体之 41.4%，而其面积则占农地总面积之 82.5%，据 1925 年之调查，每一农场之耕地平均面积为 31.7% 公顷。今若以中国各区每农户所耕之平均亩数（21 亩），与英美之农场平均面积相较，实有望尘莫及之感。就令专以每农户所耕亩数（56 亩），最多之东北区与之相较，亦觉相差甚远。试降而与欧洲号称小农国者对照之：捷克为小农国，而据 1930 年之调查，其农场面积在 1 至 5 公顷者占农场总数之 43.6%，5 至 10 公顷者 15.7%，10 至 30 公顷者 11.2%；荷兰亦为中小农发达之国，据 1921 年之调查，农场面积 1 至 5 公顷者，占农场总数之 50.81%，5 至

10 公顷者 22.08％，10 至 20 公顷者 12％；比利时在欧洲诸国中，为有名之小农国，农场面积 2 公顷以下者，占农场总数之 78％，2 至 5 公顷者 12.1％，5 至 20 公顷者 8.2％。设以前述河北每户之耕种面积与上记诸国相较，不惟不逮荷兰，亦且逊于捷克，仅足与比利时相伯仲。至与日本相较则如何？日本为过小农极多之国，据 1930 年之调查，每户农场面积五反步以下者，占农户总数之 34.6％，五反步至一町者 34.2％，一至二町者 21.9％，五町以上者仅有 1.3％。设以河北及浙江 20 县每农户之耕种面积与之相较，河北驾而上之，而浙江则颇相类似，故由此等事实观之，中国各省农业经营之大小，固因自然状况经济及社会事情，互有悬殊，而从全体上观察之，中国农场面积，较日本为稍大，而若与欧美诸国相对照，实可称为小农国。

更有宜注意者，中国农业，大都为家族经营。Buck 就其所调查 3 640 个农场，分为大、中、小三组，研究农场面积与家庭大小之关系。据其结果，每一小农场之平均家中成年男子单位（Adult-male Unit）数为 3，每一中农场为 4.2，每一大农场为 5.9，即农家之人口愈多者，其所经营之面积愈大。北平大学农学院农业经济系就河北 2 万余农家所调查，农场大小与家庭大小之关系，亦甚显著，示之如表 6-15。

表 6-15　河北 2 万余家农场大小与家庭大小之关系

每户耕种亩数	户数	平均每户人数	平均每户亩数	平均每人亩数
5 及 5 以下	4 055	3.74	3.4	0.9
5～20	9 779	4.77	13.0	2.7
20～50	5 447	6.60	34.0	5.1
50～100	1 991	9.09	73.0	8.0
100～200	618	11.93	140.0	11.8
200 以上	112	15.99	308.0	19.3

以上所述，实足为家族经营之一证。中国农业之特征在此，缺点亦在此。

日本为小农国，家族经营之发达无论已；即号称大农国之美国，家族经营亦不鲜，Taylor 谓典型的美国农场（Typical American Farm）为家族经营（Family Farm）。此不必限于美国，法、德亦适用之。若从全世界观之，典型的农场（Typical Farm）实为家族经营。O'Brien 援引此说，谓就全世界观之，家族经营得视为模态单元（Modal Units），伸而言之，农场上之典型的生产单位（Typical Productive Unit），较之制造工业之生产单位为小，此种对照，至今日而益著云。欧战后，东欧诸国，励行农政改革，分割大地主土地，给之农民，其面积多以家族经营为标准。由是足见世界各国农业，家庭经营颇为发达，且有增加之倾向，此何故欤？家族经营富于固定性及强韧性，以确立农业经营之基础。L. Gorski 及 A. Tschajanow 尝以此为小农之一种特质，盖家族经营自有其优点在也。惟家族经营虽对内有通力合作之效，而对外则不能应经济界之变迁，而伸缩其业务范围。例如农产物之价格增高时，不易扩充其经营面积，价格低落时，亦不得缩小之。O'Brien 谓不景气之时，农业不能如商工业放弃其经营，以农场之放弃，即家庭之放弃故也。此语虽非说明家族经营之缺点，而可引用之以证家族经营难与经济界相适应。且我国之家族经营，未必与欧美所谓家族经营者相一致。外国之家族经营于家族劳力之外，尚可多用畜力及机械力，以扩充其面积。我国虽间有用畜力以补其缺者，而经营规模甚小，即就家族劳力而言，亦且不能充分利用之。此即为我国农业之一特征，亦即为我国农业之一缺点。

中国多小农，既如上述，顾其原因究安在耶？此乃系历史的政治的社会的及经济的原因综合而成，兹不泛论，惟举二、三之事实，略说明之。

土地所有面积之大小与经营面积之大小，本不相一致，未可相提并论，惟此二者间，有相当之关系。英国虽为佃农发达之国，而大地主多，大农亦多。匈牙利一方有过大地主与过小地主之对峙，一方又有过大经营与过小经营之对峙。法国多中小地主，而亦多中小经营。日本多小地主，而亦多小农。我国亦然。试举北平大学农学院农业经济系及浙江大学农学院农业社会学系之调查结果于下，以示一斑。

由表 6-16 及表 6-17 所示，以之与前述之同一调查之表 6-13 及表 6-14

互相对照，虽所有面积之大小与经营面积之大小，未能完全一致，而就全体上观之，可见河北及浙江小地主及小农均甚多，而大地主及大农，则殆如凤毛麟角，不得多觏。若分别观之，河北各县每户之所有面积较大，经营面积亦较大；浙江 20 县每户之所有面积较小，经营面积亦较小；可见所有面积与经营面积之大小，确有相当之关系。且此种关系，不问经营者之为自耕农或佃农，而仍存在。盖河北多自耕农，浙江杭嘉湖佃农较自耕农为多也。

表 6-16　河北土地所有权之分配

每户所有地亩数	户数		面积	
	实数	%	亩数	%
5 及 5 以下	4 259	19.27	14 242.96	2.46
5～20	9 879	44.69	125 035.06	21.58
20～50	5 290	23.93	176 769.00	30.51
50～100	1 955	8.84	142 477.77	24.59
100～200	606	2.74	84 850.50	14.65
200 以上	116	0.53	3 599.200	6.21

表 6-17　浙江杭嘉湖 20 县土地所有权之分配

每户所有地亩数	平均（%）	每户所有地亩数	平均（%）
5 亩以下者	45.60	5～10 亩	25.56
10～25 亩	16.70	25～50 亩	6.87
50～100 亩	3.57	100～200 亩	0.90
200～500 亩	0.60	500 亩以上	0.20

其次有宜注意者，我国之农地，为旷田制（Open Field System），一户之耕地，大抵瓜分豆剖，散在诸方，甚有数亩之田，而亦不相联属者。据 Buck 7 省 15 地方 2 540 个农场之调查，每农场平均块数为 8.5 块，每块平均面积为 0.39 公顷。但在中国中东部地方，每农场平均块数为 10.6 块，北部地方为 6.6 块；中东部地方，每块平均面积为 0.34 公顷，北部地方为 0.44 公顷，其中最小之块，面积仅 0.01 公顷，如安徽怀远某村及

江苏武进某村有之是也。至农地与农家之平均距离为 0.63 公里，其距离较远的农地，平均为 3.34 公里。又据《定县社会概况调查》之所记，每农家所耕种之地，概分为数块，甚有至于十余块者，各块地与农家之距离多在二里内外，亦有达于 3.4 里者，且每块面积颇小云。表示之如表6-18、表 6-19、表 6-20。

表 6-18 定县 200 农家每户所有地块数

块数	1	2	3	4	5	6	7	8	9	10	11	12	13	14	15	17	20
户数	1	6	12	17	24	26	20	15	25	15	10	9	4	3	6	2	2

表 6-19 1 552 块田地每块亩数

每块亩数	5 亩以下	5～9.9	10～14.9	15～19.9	20～24.9	25～29.9	30～34.9	35～39.9	40～44.9	总计
块数	1 070	370	64	21	16	6	3	1	1	1 552
百分数（%）	68.94	23.84	4.13	1.36	1.04	0.38	0.19	0.06	0.06	100.00

表 6-20 200 农家各农场平均每块亩数

农场平均每块亩数	1～1.9	2～2.9	3～3.9	4～4.9	5～5.9	6～6.9	7～7.9	8～8.9	9～9.9	10～10.9	19	总计
农家数	11	54	56	36	17	11	6	4	3	1	1	200

以上虽不过一、二例，而即此已足见中国各地方一农家所耕之地，概散在各处，不相统一，每块面积自小，其与农家之距离又远，此在农业经营上为最不经济之一点，亦即为大经营之一大障碍。自此点观之，中国宜速行土地重划，以谋土地之改良，即欲使农民扩大经营面积，亦非此不为功。如德国之耕地整理（Zusammenlegung），日本之田区改正法，皆宜酌量采用者也。至中国农地，何以支离破裂，一至于此，则土地所有权之细分，与村落制（Dorfsystem）之发达，实为其主因。

中国农业经营之大小，概如上述，以后应如何改良之，或矫正之，此则与土地所有权及耕种权之分配如何，有密切关系，当以次章一并论之。

第七章 自耕农及佃农

第一节 自耕农及佃农之得失

农业经营得因经营者与土地之法律关系，分为二种：即经营者耕作其自己所有土地曰自耕农（Landowning Farmer）；租借他人土地，而行农业经营，每年缴纳佃租（Rent）者曰佃农（Tenant Framer）。此两者中，孰多孰少，为一国土地分配上之重大问题；在农业经济政策上，亦最宜注意。惟欲解决此问题，宜先判定此两者在国民经济上，孰为有利。历来诸学者，概以自耕农为优，举其主要理由如下：

①所耕之土地既为其所自有，自然对于土地特别爱护，以维持其生产力，或增进之。Arthur Young 谓所有权之魔术，化砂土为黄金（The Magie of Property Turns Sand into Gold），诚有味乎其言之。佃农则其与土地之关系，为一时的，故常为掠夺农业（Rauhbau）以竭其地力，如美国所谓 Skinning Land，Landkilling 者，即指此而言。②经营者自耕其地，得自由应其经济事情，改良其经营法。佃农则为租约所束缚，土地之利用上不无窒碍。③农业上收益悉为自己所得，故务行集约经营，以期所得之增加。佃农虽欲集约其经营，增加生产，而因恐地主增征佃租，得失不相偿，故其经营，易流于粗放。④自耕农既爱护其所有地，其爱护农业之观念，自较佃农为强，虽在农业恐慌时，亦不轻弃土地，而务维持其经营。佃农则对于土地之粘着力较弱，往往见异思迁，迁移于都会，而于农业收益减少时或佃租制度不合理时为尤然。故多自耕农之地方，农民离村之倾向较少，多佃农之地方，则反之。⑤自耕农收入较多，得维持相当之生活，其地位稍为安定。佃农当农产物价格腾贵

时，因有佃租增征之虞，即在平时，地主亦往往因佃农之竞争，增征佃租，在佃农别无生路，只得忍受，而益陷于穷困。故自耕农多时，农村易以繁荣，佃农多时，农村易以疲弊。⑥自耕农兼有地主与经营者之资格，收益分配上，自无问题。佃农则关于佃租之多少，其利害与地主相反，故业佃纠纷，概起于佃租问题。至自耕农经营面积较大时，虽农业经营者与农业劳动者间不无争执，而比之大佃农酷使农业劳动者，以招其不平，当较为缓和，且自耕农概偕其家族共同耕作，不要别雇劳动者以辅助之，即有时雇用劳动者，而因自耕农有永远经营之意思，自然对于劳动者，甘苦与共，感情日亲，劳动者当乐为之用。故自耕农多时，农村得长保其平和，佃农多时，农村中之争议，易以发生。

由上所述，不论从经济上社会上或政治上观察之，均以自耕农为较优，可以了然矣。世之论自耕农与佃农之得失者，尚未能一致，其所说大致如下。

佃农之缺点，源于租佃契约之不合理，若佃种制度大为改良，以保障佃农之权利，则普通所称佃农之缺点，均得排除之，而其结果，殆与自耕农无异。且农民耕人之地，不要费多额之资金购入土地，而可用为营业资本，以行集约经营。故在国民经济上所应排斥者，非在佃农，而在不合理之佃种制度。Carver 谓世界中之最优良的农业经营法，得依佃种制度（Tenancy System）行之，例如英国土地所有权为上流社会之一种凭证（Passport），富有资财者，辄争购土地以为荣，地价因之特高。而在农民所期望者，非在社会上之地位，而在经营上之利润，与其以高价购入土地，不若租佃他人之土地，反为有利，故佃种制度广行于英国。又如巴黎附近之小园艺地，其土地可为将来之建筑基地（Future Building Sites），地主多不肯出售，冀收厚利，因行租佃，以期稍有收入，而在农民若购买其土地，必至收支不相偿，故以租佃为有利云。由此说，足见地价高时，欲经营农业者，以佃耕为得策。

自耕农之能确保其经济上独立，而绝无负债者，其地位固较佃农为安全。而在普通之时，土地最适为负债之担保品，农民辄借此为抵挡，以行过度之借款，每年所付利息，不啻佃农之缴纳佃租，且佃农当凶荒之年，尚可要求佃租之减免，以转嫁其损失之一部于地主，而自耕农则不能因收获减少，请求利息之减轻或豁免。故自耕农一遇凶年，易至破产，其经济上地位转不及佃农之无负债者。且自耕农即不负债，而因购入土地，资金缺乏，致不能行集约经营者，往往有之。故谓自耕农比之佃农生产必较多，是皮相之见也。

上之所述，亦频持之有故，然此从农业经营上论之则可，而从社会经济上观察之，则前说不无可议。盖佃农之经济的地位，固有时胜于自耕农，而此非自耕农本身之过，乃为社会经济之一缺陷。农民之愿为佃农自耕农者，应视种种事情而定之。能为自耕农者，固为善策，而因无力购地，又舍农业无以为生，势不得不租佃他人之地，自谋生计，其志趣与境遇，诚可深谅。惟一方有佃农之存在，他方即有地主之存在，一国之中，佃农之多数存在，即表示地主之多数存在。地主之热心农事，能指导佃农，休戚相关者，容或有之，而普通地主专以征收佃租为事，不顾其他，而佃农以血汗之所得，供地主之挥霍，倘地主多取"不在主义"，则佃租一入其囊中，必永无复归农地之一日，是不惟剥削佃农之劳力，以填地主之欲壑，且剥削农村之脂膏，以助都市之膨胀也。自此点论之，应以耕者有其田为上策。

第二节　自耕农及佃农之分布

一国之内，自耕农及佃农之增减，在社会上及政治上，均有重大之影响，而于国民经济关系尤切，故其分配状态之如何，最宜注意。兹先就诸外国一观察之。

英国土地兼并之风最盛，农地之大部分属于地主，故佃农特多。据1916年之调查，英格兰及苏格兰就经营之数而言，佃农占89%，而佃地稍少，亦有87.8%，故英国殆可称为佃业之国。然自欧战后，地主因租税增加，农产物价格跌落，多卖其土地于佃农，故自耕农之比例稍增。

爱尔兰原为佃农甚多之国，而因英国政府励行自耕农创定之政策，佃农之比例，渐以减少，据 Bonn 及 Conrad 之记载，1907 年，爱尔兰之自耕农仅有 3％，至 1913 年则为 66％，至欧战后，爱尔兰自由邦及北部爱尔兰，均以佃种制度之扑减为政策，今殆全为自耕农之国矣。

次于英国而多佃农者，为比利时，据 Frost 之所述，依 1895 年之调查，在一公顷以上之农场中，佃种占经营数之 68％，及面积之 62％。

法国自耕农频多，据 Buchenbunger 之所记，依 1892 年之调查，自耕农之经营面积，虽只有 52.8％，而其经营数达于 74.6％，至佃农则以分益农（Metayer）为特多。

意大利分益农亦多，据 1911 年之调查，自耕农占经营总数之 42.66％，分益农占 39.33％。

德国为佃农较少之国，据 1907 年之统计，自耕农占经营数之 42.9％，及农地面积之 86.1％，纯粹的佃农仅占经营数之 17.2％，半自耕农较多，占经营数之 30.4％，且其中 2/3 以自耕为主。又据 Ritter 之所记，1925 年，德国佃农更形减少，自耕农之比例虽较 1907 年稍少，而以自耕为主之半自耕农，经营面积则大增。

美国原以自耕为主佃种为从之国，而佃农颇有增加之倾向。据 Gray 著 "*Introduction to Agricultural Economics*" 之所记，1880 年至 1920 年间之变迁如表 7-1。

表 7-1

年次	经营数之百分率			耕种面积之百分率		
	自耕	管理经营	佃种	自耕	管理经营	佃种
1880	74.44	—	25.56	—	—	—
1890	71.60	—	28.40	—	—	—
1900	63.70	1.0	35.30	66.3	10.4	23.3
1910	62.10	0.9	37.00	68.1	6.1	25.8
1920	60.90	1.0	38.10	66.6	5.7	27.7

日本自耕农及佃农之分布状态，据 1930 年之调查，就经营数而言，自耕农占 31.2％，佃农占 26.5％，半自耕农占 42.3％；就经营面积而言，

自耕农占 52.2％，佃农及半自耕农 47.8％。

中国自耕农及佃农之分布状态如何，虽未敢下最后之断语，而据各方面之调查报告，已可知其大概。兹先示立法院统计处之调查报告于表 7-2（立法院《统计月报》第二卷第六期）。

表 7-2

省别	东北及西北		
	自耕农（％）	半自耕农（％）	佃农（％）
黑龙江	54	18	28
吉林	46	17	37
辽宁	50	19	31
热河	80	13	7
察哈尔	55	18	27
绥远	45	35	20
加权平均数	51	19	30

省别	黄河流域		
	自耕农（％）	半自耕农（％）	佃农（％）
陕西	58	13	29
山西	72	15	13
河北	66	11	13
山东	72	19	9
河南	62	16	22
加权平均数	69	18	13

省别	长江流域及南部		
	自耕农（％）	半自耕农（％）	佃农（％）
江苏	38	30	32
安徽	28	17	55
湖北	22	27	51
四川	22	21	57
云南	46	26	28
贵州	46	19	35
湖南	34	32	34
江西	27	34	39
浙江	27	31	42

（续）

省别	长江流域及南部		
	自耕农（％）	半自耕农（％）	佃农（％）
福建	9	22	69
广东	30	24	46
广西	54	15	31
加权平均数	32	28	40

备考：加权平均数，以报告村数为权数。

表 7-2 之资料来源，系根据各省各县之报告制成，而各省之报告县数及报告村数颇参差不齐，故其所得结果，尚难完全表示自耕农半自耕农及佃农之分布状况。惟就各区域分别观之，东北及西北，自耕农占 51％，佃农30％，半自耕农 19％；黄河流域，自耕农 69％，半自耕农 18％，佃农13％；长江流域及南部，佃农 40％，自耕农 32％，半自耕农 28％。即东北西北及黄河流域自耕农较多，佃农较少；长江流域及南部，自耕农较少，佃农较多，可以了然明矣。兹更示二、三之调查报告，以资比较（兹所谓半自耕农指自耕兼佃种而言）。

据表 7-3 观之，北部自耕农，超乎农户总数之 3/4，中东部则不及1/2，半自耕农及佃农，中东部较北部为多。

表 7-3 Buck 7 省 17 地方 2 866 个农场之调查

省名及县名（华北区）		自耕农（％）	半自耕农（％）	佃农（％）
安徽	怀远	84.7	14.5	0.8
	宿县	58.0	22.0	20.0
河北	平乡	84.2	14.5	1.3
	盐山（1922）	100.0	—	—
	盐山（1923）	97.0	2.3	0.7
河南	新郑	65.3	30.5	4.2
	开封	77.9	22.1	—
山西	武乡	81.7	15.1	3.2
	五台	39.9	—	60.1
平均数		76.5	13.4	10.1
省名及县名（华东及华北）		自耕农（％）	半自耕农（％）	佃农（％）

（续）

省名及县名（华北区）		自耕农（%）	半自耕农（%）	佃农（%）
安徽	来安（1921）	45.5	4.0	50.5
	来安（1922）	73.0	6.0	21.0
	芜湖	54.9	32.4	12.7
浙江	镇海	1.5	22.4	76.1
福建	连江	44.7	41.6	13.7
江苏	江宁（淳化镇）	63.0	29.6	7.4
	江宁（太平门）	30.4	21.2	48.4
	武进	72.3	13.4	14.3
平均数		48.2	21.3	30.5
总平均数		63.2	17.1	19.7

　　表 7-4 虽未将半自耕农于租种中划出，而自耕与佃种之比例，已可判明，如将浙江鄞县及江苏三县为一组，山东沾化及河北三县为一组，前者自种面积较少，后者则自种面积之比例甚高，安徽宿县则介乎其间。由表7-5、表 7-6 两表可知河北自耕农甚多，佃农较少。由表 7-7 可见浙江佃农较多，自耕农较少，此等表所列数字，虽在同一区域内，尚有不相一致者，而即此以观，中国南北佃农之分布状况，截然不同，已可无疑。

　　统观以上诸表（表 7-4、表 7-5 外），最足令人注意者，为半自耕农分布之广。由表 7-2 观之，东北及西北，半自耕农之平均数，虽仅抵佃农2/3，而如热河及绥远，半自耕农多于佃农，黄河流域半自耕农之平均数大于佃农，长江流域半自耕农之平均数，虽遥不及佃农，而与自耕农相较，仅差 4%，且各省中，半自耕农有多于佃农者（四川、云南），亦有多于自耕农者（湖北、浙江、福建）。由表 7-3 观之，中东部自耕农之平均数，不及佃农之多，而北部则过之。由表 7-6 观之，定县佃农虽极少，而半自耕农家数及其耕种面积均为 27% 强。由表 7-7 观之，杭嘉湖各县半自耕农之平均数，虽不及佃农之多，而殆足与自耕农相伯仲。可见中国南北各省，半自耕农颇为发达，此等半自耕农究以自耕为主，或以佃种为主，诸种报告，未曾言明，尚难判定其近乎自耕农，或近乎佃农。惟即此以观，可见中国无地之农民，借农以为生者，固属不少，而有地者之自愿耕作且饶有经营能力者，亦复甚多，而以所有地面积过狭，不足自给，不得不租借他人土地兼为佃农耳。由是就土地所有权分配上论之，可见中国小地主或过小地主之多；就农业经营上论之，可见小农或过小农之多。

表 7-4　华洋义赈救灾总会之调查（该会乙种丛刊第十号）

省名及县名		调查面积（亩）	自种（%）	租种（%）
浙江	鄞县	4.764	32.6	67.4
江苏	仪征、江阴、吴江	23.443	32.6	67.4
安徽	宿县	28.843	50.1	49.9
山东	沾化	11.867	99.6	0.4
河北	遵化、唐县、邯郸	69.949	89.3	10.7

表 7-5　北平大学农学院农业经济系河北 43 县之调查

耕种地总数（亩）	租种地（亩）	租种地占耕种地（%）	总地户总数	租地户数	租地户占总户数（%）
587.483	16.529	2.82	21.959	1.415	6.5

表 7-6　定县 790 农家之调查（定县社会概况调查）

农家类别	家数	家数百分比	耕地面积		平均每家亩数
			亩数	百分比	
自耕农	559	70.8	14 662.4	72.0	26.2
半自耕农	220	27.8	5 563.5	27.3	25.3
佃户	11	1.4	141.0	0.7	12.8
总合	790	100.0	20.366.9	100.0	25.8

表 7-7　浙江大学农学院农业社会学系杭嘉湖 20 县之调查

县名	自耕农	佃农	半自耕农
杭县	18.65	24.86	56.49
海宁	32.50	32.50	35.00
富阳	30.40	30.00	39.60
余杭	25.00	47.50	27.50
临安	33.33	34.00	32.67
于潜	8.75	42.50	48.75

（续）

县名	自耕农	佃农	半自耕农
新登	40.00	25.00	35.00
昌化	65.00	7.50	27.50
嘉兴	47.60	41.00	11.40
海盐	15.80	25.60	58.60
崇德	18.50	30.00	51.50
平湖	4.80	74.00	21.20
桐乡	33.00	40.00	27.00
吴兴	77.60	4.00	18.40
长兴	25.00	46.67	28.33
德清	46.25	51.25	2.50
武康	67.50	15.50	17.00
安吉			
嘉善	3.00	58.80	38.20
孝丰	12.50	53.25	34.25
平均	32.31	36.50	31.19

第三节　佃种之种类及其得失

经营农业者，倘各人能自耕其田，诚为至善，然在土地私有制存在之时，佃种制度，恐难绝灭，或且盛行于世。故世界各国常发生佃农问题或佃租问题。惟欲讨论此等问题，应先知佃种之种类及其得失，兹略论之如下。

佃种之种类名称，各国均不能一致，欲一一详述之，殊嫌繁杂，兹惟以佃租种类及佃种期限为标准，分别论其得失如下。

（一）以佃租种类为标准之分类

1. 分租法

分租（一称粮食分租）（Share Rent）即不预定佃租之额，而惟定总收益分配之比例，每年以实际生产之总收益为标准，佃农依一定比例，缴纳佃租者也。分租法，南欧诸国、巴尔干半岛诸国、美国及其他诸国，颇广行之。但其内容因国而殊，其名称亦不同。例如德国所谓 Teilpacht，Teibau，Anteilwirtschaft，法国所谓 Metayage，意大利所谓 Mezzadria，日本所谓"刈分小作"，均属于此种。中国分租法，起源颇古，分布亦广，故此法在中国佃租制度上，颇占重要之位置。

世界各国之分租法，视地主与佃农间之分租契约（Share-tenancy Contracts）之如何而殊。即（a）欧美诸国所行之分租法，地主与佃农均分担经营资本之一部（例如肥料），佃农则受地主之指挥监督，而以筋肉的劳动为主，此通例也，中国辽吉黑三省、河南新郑县、安徽宿县西部之分租法，颇与之相类，所异者地主未必全负指挥监督之责耳。（b）地主只供给土地，而不分担经营资本，且不负指挥监督之责，如宿县东北部及江苏海门县之分租法，地主除供给土地及种子外，一切由佃农负担是也。（c）地主供给一切之经营资本，自管理其业务之全部，佃农惟提供劳力，如美国之 Share-crapping 是也，辽宁省所谓"内青"者，与此相似，南通县之帮工佃种法，亦类于此。

如上所述，世界各国及中国各地之分租法，得分为三种，即属于（a）者，可视为类于分担契约之分租法，属于（b）者，可视为类于普通佃种之分租法，属于（c）者，可视为类于雇佣契约之分租法，以下准此分类，略论其得失。

（1）类于雇佣契约之分租法

依此法，佃农全不负担经营资本，而惟提供劳力，其地位殆与农业劳动者无异，所不同者，其劳务限于一定耕种之地耕作，其工资以总收益之一定部分充之耳。故从经济上观察之，总收益之分配，虽依一定比例行之，而实则非佃农之缴纳佃租，乃系地主之付给工资。普通农业劳动者，尚可日得工资一次，或月得工资一次，而此种分租法，佃农所得每年只有一次或二次，平时生活概极困难，且年之丰凶无常，结果或所得甚微。故此法有剥削佃农劳力之弊，实不合理。

（2）类于分担契约之分租法

依此法，地主与佃农均负担经营资本之一部，且地主自当指挥监督之任。若佃农对于农业经营尚无充分之智识经验，又无相当之资本，则此法于双方，均为有利；否则，不免束缚佃农之经营自由，复有增高佃租之虞。且行此法，地主须有指导或监督之能力与时间，且须充分供给经营上所要之资金，而地主与佃农间，又须互相信任，互相亲爱，总收益分配之比例，更宜求其适当，如是则地主与佃农关系密切，利害不至相反，庶农业之集约度，可借以增高；否则，地主不肯供给相当之资金，佃农不肯供给充分之劳力，则其经营易流于粗放矣。故此法之得失，当视地主与佃农间之种种关系如何而定，不能一概而论。

（3）类于普通佃种之分租法

此法之与普通佃种法异者，在佃租为总收益之一定比例，其余诸点，大致相同。诸学者多谓，依此法则佃租之分量比例于年之丰凶，得自动的增减之，故地主及佃农，对于农业经营之利益及损失，共同负担，其利害正相一致云。此实为一偏之论，盖在此法不问其生产费之如何，当以总收益之一定比例为其年之佃租，自地主方面观之，总收益愈多，利愈大，而其生产费之增加如何，绝不以为意；自佃农方面观之，则须先将总收益之一定比例，清偿佃租，而后得以其残额，偿还生产费，故集约度达于某点时，若再增加生产费反为不利，只得牺牲总收益之增加，以求生产费之节约。故地主之利益，非必与佃农之利益相一致，举例示之如下：

今假定某佃种地之佃租为其总收益之五成，佃农用 200 元之生产费得 1 000 元之总收益，则地主收入等于 500 元，佃农收入等于 300 元。若佃农二倍其生产费为 600 元，其结果总收益增至 1 500 元，则地主收入等于 750 元，佃农收入等于 150 元，如是地主之收入虽增，而佃农之收入反减，故两者之利益，决非一致。

上之理论，当生产要素或资料之价格腾贵时，亦适用之。例如从前以 300 元之生产费，得 1 000 元之总收益，今因工资或肥料价格之腾贵，非用 500 元之生产费不能得 1 000 元之总收益，若此时经营法无异乎前，则佃之收入当等于零，故此时佃农非较前粗放其经营不可。今假定节约工资或肥料之一部，其生产费仍为 300 元，其总收益减为 700 元，则地主收入等于 350 元，佃农收入等于 50 元。故此时佃农以粗放经营为有利，而地主之收入，则较前减少 150 元，必希望经营法之不变更，因之两者之利害全相反。

如此分租制绝不能使地主与佃农间之利害常相一致，而无形之中，反多冲突，可以明矣。然地主与佃农间之利害，根本上原难一致，不得以是为分租法之特有缺点，不过一部学者，误其观察，故论及之耳。

分租法尚有特殊之缺点，即分租法比之定额佃租法，常易流乎粗放是也。盖在定额佃租法，佃农得增加资本及劳力至其最后投下之量与因此而生之总收益增加额相等时而止。而在分租法，若佃租占总收益之五成，则佃农虽因集约经营增加总收益，而自己仅得总收益增加额之五成，故资本及劳力之增加，至其最后投下之量与因此而生之总收益增加额之半相等时，尚为有利，越此限度，则资本及劳力增加，反招损失，故集约度止于此点，比之定额佃租法，其经营常较粗放，试举例明之。

今假定佃农于某佃种地投下生产费 300 元，得 1 000 元之总收益，其定额佃租为 500 元，则佃农之纯收益为 200 元。而此时若依分租法，佃租为总收益之五成，佃农之纯收入亦为 200 元。此时二者固相同，然使佃农二倍其生产费，因之倍增其总收益，则在定额佃租时，佃农之收入得增至三倍，而在分租时反半减之。

依上例观之，可知用定额佃租时，佃农以行集约经营为有利；用分租时，以粗放经营为有利。

更以他例说明之，假定某农场之小麦及燕麦之总收益及生产费如表 7-8。

表 7-8

种类	总收益（元）	生产费（元）
小麦	250	120
燕麦	130	45

假定甲佃农以 80 元之定额佃租，承佃此农场，乙佃农以总收益五成

之分租承佃此农场，则甲佃农当行集约的小麦栽培，乙佃农当行粗放的燕麦栽培。何则？用定额佃租时，栽培小麦利益较多；用分租时，栽培燕麦利益较多故也。如此，分租法常阻农业经营之集约化，在国民经济上，甚为不利。

2. 定额佃租法

定额佃租者，谓预定佃租之分量也。此种佃租，大别之为二种：即①物租，②金租是也。

（1）物租（现物佃租）

物租（Produces-Rent，Naturalrpacht）即以米麦等现物之一定量为佃租者也。分租亦为物租之一种，但分租以总收益之一定比例为佃租，而其额不一定，兹所欲论述者，乃指定额物租而言。

欧美诸国以现物为佃租者，惟于分租法见之，普通佃种，除一、二例外，殆全不行，日本佃租多用此法，中国各省颇广行之，尤以南方为多。

物租在自足经济时代，地主与佃农均称便利，恰适于社会之要求，而于现时之货币经济时代，其存在之理由，已甚薄弱。从地主方面观之，或以此为有利，而从佃农方面观之，则不利之点颇多。盖物租为自足经济时代之遗风，近日本及我国虽尚盛行，而其得失，实不相掩，兹列举其缺点如下：

（a）佃租之无形增加

物租常不问其货币价值之如何，而以现物之一定量充之，故物价变动时，佃租之货币价值自然因之增减，而农产物之价格，常随人口之增加，渐以腾贵，故佃租用现物时，其佃租之货币价值常有逐年增加之倾向，在地主诚为有利，而在佃农则未必然，自谷价腾贵，所生之收益增加，两者间决难公平分配之，且有时地主之收入虽增加，而佃农之收入，反之减少，举例如下：

今假定有一定面积之稻田，总收获为米二石，每石价格为 15 元，则其总收益应为 30 元。假定佃租用现物时，纳米一石，用现金时，纳银 15 元，佃租以外之生产费为 10 元，则此时佃租，不问其现物或现金，地主之收入为 15 元，佃农之收入为 5 元。

次就前例，假定米价腾贵为 20 元，生产费腾贵而为 15 元。佃租用现金时，地主收入仍为 15 元，佃农收入，则较前增 5 元，用现物时，则地主收入为 20 元，佃农收入仍如故，是地主得享农产物价格腾贵之利益，而佃农则否也。

再就前例，假定米价腾贵为 20 元，生产费亦腾贵而为 20 元，佃租用现金时，地主收入仍为 15 元，佃农亦收入如故。若用现物，则地主收入，虽仍为 20 元，而佃农收入等于零矣。

由是观之，佃租若纳现物，则农业收益，虽因谷价腾贵而增加，而地主与佃农间，尚不能公平享受之。且地主收入虽增加，而佃农收入，反有时减少，是佃租之物品上，数量虽无增加，而货币上数量，已有逐年增加之倾向，此实为物租之最大缺点。

近年以来，农产物价格大跌，物租或有利于佃农，但此为一时之特殊现象，将长时期观察之，农产物价格确有上升之倾向。故上述之理论，自为正当。

（b）关于佃租之品质易启纷争

佃租纳现金时，其定额苟无短少，决不至惹起争端；而纳现物时，地主与佃农间就品质而发生争议者常有之。然使品质之改良，双方俱为有利，则利害尚不冲突；而就实际上观之，地主置重于农产物之品质，佃农则置重于收量，两者间常有利害相反之时，举例说明之。

今有一定面积之佃种地，栽培品质优等之种类，收量为二石，每石之市价为 15 元，其总收益合计 30 元，生产费为 10 元，佃租为一石，则地主之收入为 15 元，佃农之收入为 5 元。

次于同一之土地，栽培品质次等之种类，生产费如前，而收益增至二石四斗，每石市价因其品质较劣，降为 12 元，其总收益为 28 元 8 角，则此时地主之收入为 12 元，佃农之收入为 6 元 8 角，即较前增 1 元 8 角也。

如是栽培作物，置重品质时，则地主之收入增加；置重收量时，则佃农之收入增加，故此二者间，利害终难一致。

（c）妨农事之改良

如前所述，物租既以现物之一定量为佃租，其生产费之多少如何，地主绝不以为意。故若佃农多投生产费，改良农产物之品质，以增加其价格，地主虽得享价格增加之利益，而佃农则有时减少其收入，故佃农不愿行农事改良，以自招损失，试举例证明之。

今有一定面积之总收获为米二石，每石价格为 15 元，佃租为一石，生产费为 10 元，则此时地主收入为 15 元，佃农收入为 5 元。

次假定佃农为改良农产物之品质计，增其生产费为 12 元，其结果米每石价格增至 17 元，则此时地主收入可增 2 元，佃农收入仍为 5 元，是农产物改良之结果，地主得享其利，佃农无损益也。更假定米一石为 18 元，生产费膨胀而为 14 元，则此时地主收入又增 1 元，佃农收入仅为 4 元。是佃农多投生产费以改良农事，徒有利于地主，而自己反蒙其损失也。由此可以知物租在国民经济上实为不利。

（d）妨农业之企业化

若佃农视农业为一种企业而经营之，则不惟以生产为能事，更当进而谋农产物之有利的贩卖，以增其企业之利益。而物租则其生产物之一定量，已充作佃租，纳入地主之仓库，再除去自己消费之必要量，其可以贩卖者，必为少量，此殆与自足经济无异，欲求其以企业的精神，经营农业，盖亦难矣。故物租决非所以使农民向上，农业发展之道。

（2）金租

金租（Cash Rent，Goldpacht）即以金钱之一定额为佃租。欧美诸国广行之。我国南方诸省，此种纳租法，近渐发达，北方亦颇有之，但远不及物租之盛行。

在现在货币经济时代，一切价格之测定，均以货币为标准，土地之买卖价格常以货币表示之，则其贷借价格之佃租，亦应以货币之一定额定之，今列举金租之利点如下：

（a）佃租之分量得求其适当

欲求佃租分量之臻于适当，宜以总收益及经营费为标准定之，而佃种地之收量，若为一定，则其总收益应专视农产物之价格如何而殊，至其经营费则因工资肥料费等各种生产要素之代价而异，故二者皆须表以货币之一定额，因之佃租之分量，亦应以一定之货币额计算之。虽如此所定之佃租，亦可准其时之市价，换算为一定量之现物，以现物充佃租，然如是行之，恐现物之市价，变动无常，因之佃租之货币价值，无端增减，其分量遂难求其适当，故欲祛除此弊，非用金租不可。

（b）促进农业之企业化

佃租用现金时，佃租之金额常一定，故佃农得以之为基础，编成收支预算，且其生产物除自己需用外，可依适当之方法贩卖之。因之佃农得行企业的经营，其结果可增高佃农之地位，促进农业之健全发达，故金租在各种佃租中较为适当。

金租之利点，约如上述，然此法亦有缺点，即在经济状态良好之佃农，不论其佃租为现物或现金，皆无须早卖其农产物，而在贫弱之佃农，则佃租既用现金，势必至于秋谷登场后，即出卖之，以充佃租，此时谷价下落最甚，其不利之点实多。而欲补救此弊，非广设农业金融机关，俾佃农得利用其动产信用不可。

此外佃租有参用物租与金租而成者，略述如下：

（a）准金租（Natural Wertrente）

谓以米麦等现物之一定量为标准，定佃租之额，每年应其时之市价，换算为一定金额，而纳之地主也。此种佃租，日本适用之于旱田，英德前亦曾偶行之；中国虽鲜有所闻，而如昆山之纳租谷法，地主多任择钱米两项，即此例也。

准金租流弊颇多，即①佃租之无形增加，②市价之决定上易滋流弊，③现金之换算上易启纠纷是也。

（b）混合佃租（Mischpacht）

谓佃租之一部为一定金额，其余则以现物之一定量充之，此乃合物租与金租而为一，其得失位于两者之间，故此法虽无特殊利益，而可视为自物租移于金租之阶梯，较之准金租实胜一筹。

（c）滑尺式佃租（Pachtrentenach Gleitender Skala）

谓佃租之部为一定金额，其余为现物之一定量；但后者准每年之市价，换算为一定金额，与前者一并缴纳之。此法广行于丹麦，德国亦曾试用之。

滑尺或佃租比之金租有利于地主，而比之准金租有利于佃农，其得失位于金租与准金租之间，故滑尺式佃租为自物租或准金租移于金租之阶梯。

（二）以佃种期限为标准之分类

以佃种期限为标准，而区分佃农之种类，得大别之为三种：即①不定期佃种，②定期佃种，③永佃是也。

1. 不定期佃种

不定期佃种（Tenancy from Year to Year）即佃种无特定之期间也。英国所谓随意佃种（Tenancy at Will）者，颇类乎此，但不定期佃种之解约，在法律或习惯上，须守一定之预告期间，而随意佃种则不须预告，而可即时解约，此其不同之点也。不定期佃种，英国多采用之，随意佃种往时爱尔兰亦广行之，中国各省佃种采用此法者，恐亦不鲜。

不定期佃种甚不利于佃农，盖年年可以解约，佃农常有失业之虞，即不解约，而佃租增征之机会亦多。至如随意佃种，即时可以解约，佃权尤为薄弱，故此等佃种法，亟宜改革之。

2. 定期佃种

定期佃种（Tenancy for Years，Zeitpacht）即以一定年数为佃期限者也。欧美诸国最广行此法；我国各省亦多有之，但期限之长短，因地而殊耳。

定期佃种比之不定期佃种为优，可无俟言。惟期限虽云一定，而期限之长短如何，其结果大生差异。盖佃农以佃权之安定为最要，若佃种期限过短，则因佃权不安定，佃农不能为适当之集约经营，或且行掠夺农法，故期限以长为贵。从前英国 Norfork 地方，号称新农业之原产地（The Home of the New Agriculture），而长期租赁（Long-term Leases）实为其主要原因。Arthur Young，William Marshall 尝极称评之，其著例也。且所谓佃种期限者，本非专以定佃种关系之存在期间，此期间内，佃租之数量，亦应不变。地主不愿佃种期限之长者，以为期限长，则减少佃租增征之机会也。倘期限长，而期限内仍可增征佃租，则期限虽长，亦复何益，故此点宜注意及之。

3. 永佃

永佃云者，谓每年纳一定之佃租，得永久享有其土地之使用权也。拉丁语称之为 Emphytousis。罗马王政时代末叶，已以法律规定永佃权人之权利义务，足征永佃法之起源甚古。从前德国所谓 Erbpacht，Erbxinsleihe 者，其法律上之性质，地主称为 Obereigentumer，永佃权人称为 Nutz Igentumer，恰与中国之地主有"田底权"，永佃权人有"田面权"相同。英国所谓 Copy-Hold 者，亦是永佃之类。现在欧洲诸国虽已将从前所有之永佃权，依法律以整理之，或废止之，今尚有存焉者。日本永佃制度颇发达，中国亦然，尤以江浙一带为多。永佃制度之特征为：①佃种期间为永远的，地主不得任意解约；②永佃权为物权的，不因地主之变更而移动；③永佃权人得自由将其权利，传之子孙，让之他人，或以之为担保品；④佃租依习惯定之，地主不得自由增征。永佃有此等特征，故永佃权人较之普通佃农，其权利甚稳固，颇近于自耕农，从农业经济上观察之，甚为有利，即①土地可以改良，②经营可以集约，③资金可以融通，④资产可以增加是也。然此系指永佃权人自耕其土地者而言，若永佃权人不自耕之，而转租于他人，介乎地主与佃农之间，坐收佃租差额之利，此则宜禁止者也。

第四节　中国佃种制度之利弊

中国佃种制度因地而殊，错综纷糅，莫能穷诘，欲一一分别论究之，势有难能。兹所欲讨论者，现在佃种制度之利弊如何也。试略述之如下：

（一）纳租法

中国佃农纳租方法最普通者，得大别之为三种：即①纳租谷法，②纳租金法，③分租法是也。①及②之法，南方诸省较之北方诸省广行之。③之法则，南北各省，均颇发达，而北方较多。此等方法，所以骈骖而驰，各树一帜者，概由①习惯的关系，②气候及土质，③农产物之种类，④交通状况，⑤地主与佃农之关系而来。其得失如何，不能执一以绳之。纳租金法为最进步的；纳租谷法流弊较多，而如江苏昆山，租约本系纳租谷法，而地主任择钱米两项，米价昂贵则要米，米价低贱则要钱（金大《农林丛刊》第四十九号），如此纳钱或纳米，均惟地主之命是从，佃农之损失必多。故将来纳租法，以用租金法为最便，且租金之定额，倘能得其平，地主固为便利，佃农更有利益，是宜逐渐推行之。

中国分租法，亦至不齐一，而大别之，得分为①类于雇佣契约者，②类于普通佃种者，③类于分担契约者。①之法为封建时代之遗物，不宜容其存在；②之法，在凶年时佃农固有利，丰年时佃农实损多而益少，其得失前已详论之，不再赘；③之法，在分租法中为最良，中国各地，亦间有行之者，但此法以地主与佃农共同经营为要件，恐将来不易广行。盖（a）我国佃农概为小经营，对于农业已有相当之智识经验，不要地主之指导，（b）地主未必有足以指导农业经营之智识经验及时间，（c）佃农所需经营资本，地主概不愿分担，（d）地主与佃农间能互相信任者甚鲜。故此法惟居于乡村之地主，娴习农事，肯投资本，而又能与佃农同甘苦者，方得行之无弊，否则，无利于佃农矣。

此外，尚有所谓"力租"者，各地亦间有之，即地主供给土地及经营资本，佃农只供给劳力，生产物收获后，双方按成分配是也。惟既云按成分配，可视为类于雇佣契约之分租法，不要别为类别，所宜注意者，按成分配，是否预定其比例耳。要而论之，此种纳租法，地主视佃农如牛马，非从速湔除不可。

各地纳租法之种类，大致如上所述，而在纳租上有特殊办法，流弊颇大者，举之如下：

（1）押租

押租即于佃种契约订定后，佃农应先缴纳现金若干于地主，即保证金之意也。押租之名称，因地而殊，中国中部及南部，比之北部，流布较广。押租金额，虽各地不同，而有遥出于佃租之上者，且从前本无押租者，今则有之，从前押租本轻者，今则加重，如此之例，时有所闻。

押租本系地主自卫之一策，继乃变本加厉，恣意诛求，佃农实不胜其累。即（a）佃农所有资金，本甚微少，而未行耕种之前，先缴纳若干金钱于地主，是侵削农业经营之费用也；（b）佃农若无力缴纳押租，必别行借款以充之，而易为高利贷所乘，是于普通农租以外，又须负担押租之利息，即不啻增加租额也；（c）租额虽或因押租而减轻，而佃租系分年缴纳，押租则须一时全交，所得必不偿所失，况租额未必减少乎？（d）当承佃者竞争激烈时，不惟佃租因此增高，押租亦且加重，是佃农增如两重之负担也；（e）当地主更动时，押租能否收回，易起纠纷，佃农必因此受意外损失。押租有此数种弊端，在佃农至为不利，不速排除之，不惟毁坏农家之经济，并且阻农业经营之改进。

（2）预租

预租即于每年耕种前，预缴佃租之一部或全部于地主，至收获后纳租时扣还，此法弊害虽不及押租之甚，而于佃农亦不利。如预租为谷物，则当缴纳之时，谷价方高，倘佃农家无积谷，必须向外购卖以偿之；若为现金，亦恐须借款以充之，若本为纳租谷法，而地主要折作现金，则价格计算上佃农易受损失。要而论之，预租不论其为谷物或为现金，而于耕种前佃农需款方亟之时，遽责以预缴佃租，实不合理之至。

（3）额外征收

佃农除纳正额佃租以外，尚须应地主之诛求，如①副产物之贡献，②宴席之供应，③杂役之服务等是也。此等弊风，虽非遍及全国，而亦时有所闻。①与②增大佃农经济上之损失，③则视佃农如奴隶，更非所宜矣。

（二）租率

中国各地农业状况，互有异同，佃租之数额，自难划一，重以币制纷乱，度量衡又未统一，欲比较各省租率之高低，殊非易事。且业佃间之关系如何，更难明了，若仅知租额之大小，亦不能判定租率之高低。兹姑据二三报告，聊为考察，以为讨论此问题之一助。试先示立法院《统计月报》（第二卷第六期）之调查报告如表 7-9。

表 7-9　23 省水田及旱地租率平均数

等级	分租率		谷租率		钱租率	
	水田	旱地	水田	旱地	水田	旱地
上等	51.5	47.8	46.3	45.3	10.3	10.5
中等	48.0	45.3	46.2	44.6	11.3	10.9
下等	44.9	43.6	45.8	44.3	12.0	12.0

表 7-9 所列调查区域虽涉乎 23 省，而调查县数及村数尚少，故其所得数字，未足代表全国，但即此以观，已可发见一二之重要事实，试略论之。

据表 7-9 观之，用分租法之租率，水田高于旱地，用谷租法之租率，水田亦稍高，用钱租法之租率，二者大致相近，至此等租率是否适当，应就各种纳租法，分别论之。

分租率之大小，视土地之肥瘠与地主供给资本之多寡而殊。表 7-9 所示，分租率似难判定其高低，但据该调查者之声明，表 7-9 所调查之佃户，均系自备农具种子及牲畜者，则地主仅供给土地可知。由此可见我国分租率似失之高，若与美国之分租率比较之，当可了然。

美国分租法最为普通，其分租率有（1）1/4（Fourth System），（2）1/3（Third System），（3）2/5（Two-fifth System），（4）1/2（Half-share System），（5）2/3（Two-third System）之种种比例。（4）与（5）之分租率似较高，但在美国谷作地方，采用谷物对分式者，地主普通负担肥料及种子之半额，酪农地方采用酪农对分式者，地主于土地建筑物之外，供给牛、豚等之全部或一部（多为半数），且负担费用之半额，北部诸州采用（5）之法者，地主负担经营资本之一部，至采用（1）（2）（3）之分租率者，地主概不供给经营资本。由此可知美国之分租法，地主负担经营资本之一部或全部者，始采用（4）或（5）之法，若不全负担之，则不出（1）（2）（3）三法之中。如前所述，中国之分租率，专指农具肥料及牲畜皆由佃户自备者而言，而中国之分租率，比之美国为高，可以了然明矣。

表 7-9 所列钱租率之比例，系对于地价而言，由此可知地主对于土地之投资，每年可得 10％至 12％之利息。中国各地利率颇高，似钱租尚轻。然征之英国佃租，概用金租，据 Carver 之说，美国农地纳佃租 5 金元者，地价约 100 至 150 美金，英国地价则倍之云。可见美国金租颇低，英国更低，德国佃租亦多用金租，虽分地佃种（Parzellen Pacht）之佃租较高，而农场佃种（Hofpacht）之佃租，概为低廉，在欧战前，佃租约当法定地价及建物火灾保险评价额之约 3％，法国金租亦甚低，对于农地之买卖价格平均仅有 3％内外云。故以中国之金租率与上述诸国相较，可知中国之金租，已失之高。

表 7-9 所示之谷租率，较分租率稍低，似尚合理，但纳谷租之佃农比之分租之佃农，负担经营上之责任较重。如前所述，分租率既失之高，而谷租率比之分租率相差无多，故谷租率亦不得谓之低。

Buck 尝就其所调查之 5 省 9 地方 501 个佃种地，以地主与佃农之收支为标准，计算佃农现在所纳之租额及公正佃租所应纳之数量，其结果如表 7-10。

表 7-10

地　　名		佃户收入在农场总收入中所占比例高或低于佃户支出在农场总支出中所占比例（%）	佃户交与地主之每亩租额（元）	此后公正佃租佃户每亩应增减之租额（元）	此后佃户应纳之每亩租额（元）	佃户若纳公正佃租较上年应增减之比例（%）
华北						
安徽	宿县	1.0	1.73	0.03	1.76	1.7
山西	五台	−19.3	2.87	−0.81	2.06	−28.2
华东及华中						
安徽	来安（1921）	(1) 9.7	4.86	−1.29	3.57	−26.5
	来安（1922）	−7.4	2.26	−0.62	1.64	−27.4
浙江	静海	−6.2	4.64	−1.20	3.44	−25.9
福建	连江	−8.1	12.50	−3.07	9.43	−24.6
江苏	江宁（淳化镇）	7.8	3.94	1.57	5.51	39.8
	江宁（太平门）	−7.7	2.03	−0.76	1.27	−37.4
	武进	−5.1	4.94	−1.07	3.87	−21.7
平均		−6.4	4.43	−0.98	3.45	−22.1

由表 7-10 之平均数观之，可见佃农在农场总收入中，少得 6.4%，每亩佃租应减 9 角 8 分，至地主平均每亩所得租额，本为 4.43 元，若依公正佃租计算之，应减去 9 角 8 分，可得 3.45 元，即租额较之上年应减少 22.1%。Buck 以为如按收入与支出之比例，将现在租额，求其公正，须减少 22.1%，若再将佃农之管理能力（Managerial Ability）视为费用，则减租之百分率当稍大云。由此说可以知"二五减租"之预定减租额，与此相去不远。

（三）佃种期限

我国之佃种期限，得分为不定期佃种、定期佃种及永佃之三种。此三种之得失前已述之，不具论。所宜注意者，各地佃种契约，有用口头契约者，有用文字契约者。文字契约固较口头契约为优，而据各方之调查报告，租佃契约概沿用惯例，形式既极简单，词句復涉含混，而又多偏于地主一方，租佃期限为契约中最重要之一点，而契约上常有不书明者，其明白规定者，厥惟租额。因此佃户只知纳租，地主只知收租，其他弊端，概未计及。此由于地主自便私图，佃户多不识字或不解文义所致。又如一种契约，只许地主退佃，不许佃户退种，剥夺佃户之自由，而又不保障其耕种权，如安徽宿县之"批帖佃户"是也。凡此诸弊，皆宜严予取缔，以保护佃农。

永佃在佃种制度中，最有利于佃农，现在皖、鄂、湘、赣、苏、浙、蜀诸省，永佃尚盛行之，此为将来"耕者有其田"之最简捷的途径，未容忽视。从前外国学者多谓永佃虽有其利，而其弊在地主与佃农，皆不能完全使用其所有权，此说似是而实非。佃农所最需要者，为佃租之轻减与耕种权之安定，耕种权不安定，佃租虽一时轻减，而将来仍有增征之虞。永佃为安定耕种权之最适当的方法，故法律上须维护之，《民法》第842条，规定永佃权之意义，较之日本民法规定永佃权之年限，确为进步的。至永佃权人转佃之弊，乃系习惯使然，可设法取缔之，不得以此为反对永佃制度之理由。

转佃及包佃，转佃之风，多发生于永佃制度，永佃权有"田底权"与"田面权"之分，"田底权"属于地主，"田面权"属于佃户，两者各有买卖之自由，故佃户得转佃于他人。但所谓转佃者，应有两种解释：①为出卖其永佃权者，②为转租于他人，而从中图利者，前者为合法的，后者则真正耕种者必受佃租增征之害，《民法》第845条规定"永佃权人不得转租于他人"，即预防此弊之意也。

包佃制各地亦间有之，此乃因大地主及不在地主将其所有田地分租于大佃户，再由大佃户转租于多数之小佃户，地主但向大佃户征收一定租额，至小佃户所纳佃租之多少，则不过问，因之大佃户所收之佃租必较其所纳之佃租为大，小佃户受害不浅矣。此种恶例，外国亦曾有之，如所谓Afterpacht，Unterpacht，Zwischenpacht者，概于大地主多数存在之地方见之。从前意大利、罗马尼亚及爱尔兰，均有此风，近已以法律禁止之。我国包佃制，相沿已久，如湖南之"小财主"制，河南伊川县之"管地"

制，山东曲阜县之"包佃"制，江苏浙江之"大租小租"制，河南禹县之"学田包佃"制，及浙江之"公田包佃"制，东三省之"包租公司"，贵州大定之"头人"制度，其著例也。此种制度于地主与佃户间，造成一层或数层之中间阶级，虽地主所得无多，而中间阶级层层剥削，佃农之苦况可知矣。前国民政府《佃农保护法草案》第9条，规定"包佃或包租制应即废止"，惜未实行耳。

（四）收租方法

佃租或由佃户送交地主，或由地主自己征收，此乃普通手续，本不足言；但大地主及不在地主与佃户之间，收租上往往发生弊害。即此等地主，不能躬履村间，凡管理土地及征收佃租等事，辄委人代办，所谓"司账""管家""收租员"等之中间阶级，即由此而成。此等中间阶级辄擅作威福，上下其手以自肥，如江苏昆山之"租栈"制度，海门之"仓房"制度，湖北麻城之"收租员"制度，四川北部之"管事"，即其明证。此等中间阶级若许其存在，地主固受其愚，佃户受累更大。他如地主为收租便利计，辄与官厅勾结，以压迫佃农，如江苏昆山之"押佃公所"及"追租局"，浙江嘉善等县之"催租处"，广东北江地主之指使警察或民团，拘捕佃户，尤为恶例。

由上所述，中国佃农制度之概况，可以了然矣。自今以后，应如何改革之，此实为土地制度上之一重要问题。兹先略述爱尔兰佃种制度改革之实例，以资借镜。

爱尔兰佃种制度改革之成绩，在世界各国中，最为显著，而其先实为佃种问题最复杂之一国。在19世纪中叶以前，爱尔兰佃种制度，极不合理，核厥弊端，凡有数种：即①不定期佃种甚多，②不在地主主义（Absenteeism）甚发达，③包佃之风甚盛，④佃租增征不已，⑤佃农改良土地，地主解约时，不赔偿其费用，如此积习相仍，愈演愈烈，遂至佃种问题之勃发。1850年，农民组织爱尔兰佃农同盟（Irish Tenant League），提出"3F"（Fixity of Tenure, Fair Rent, Free Sale of Tenancy）之要求，与 Fenian Brotherhood 之独立运动相呼应，威胁英国政府，政府虽迭颁法令，而尚无裨于佃农。至 1870 年，制定地主及佃农法（Landlord and Tenant Act），以图佃种制度之改革，即①承认 Ulster 州之佃权惯例（Ulster Tenant Right Custom）之法律的效力，②准许佃农有对于佃权妨害及佃地改良之赔偿请求权，③附设关于自耕农创定之规定。然因佃租之改定未有明文，佃农仍为地主所剥削，佃种问题尚难解决。1879 年，农民复组织土地同盟会（Land League），要求政府改革土地制度，Gladstone 恐激成事变，遂颁布 1881 年之土地法：①规定佃农若不违反佃种之法定条件（Statutory Conditions），永久不得解约，以确保佃权之安定，②规定佃农有自由买卖佃权之权利，③佃农经土地委员会或民事审判所之判决，以定公正佃租，自此 15 年间，不得变更租额，④规定以佃地价格之四分三为限，贷与资金于佃农，俾进为自耕农。如此佃权既有确实之保障，复得自由买卖，公正佃租决定之方法又已施行，从前"3F"之要求，悉达其目的，佃种问题遂暂归镇静矣。然 1881 年之土地法，虽注全力于佃种制度之改革，而关于自耕农创定之趣旨，尚未充分贯彻，土地同盟会复改变方针，极力主张自耕农之创定，相持数年，政府乃颁布 1885 年之土地购买法（一称 Ashbourne Act），规定对于佃农贷与资金得达于地价之全额，以促进自耕农创定事业。1888 年及 1891 年复修正法律，更支出3 300 万镑之资金，以期积极进行，旋以土地债券，市价下落，地主不愿收受，致农地不易购得，政府复颁布 1903 年之土地法（一称 Wyndham Act），创设土地财产委员（Estates Commissioners），俾专任自耕农创定之事。从前土地委员会之创定自耕农地，概个别的行之，今则介绍大面积之买卖，一举而创定数人或数十人之自耕农，对于地主以现金支付地价，佃农则每年缴纳地价 3.25％至 68 年半，分期还清。且从前之诸法律，对于佃地之价格尚无规定，今创定其标准价格，此标准价格以公正佃租为基础计算之。佃农每年偿还金，以较公正佃租少 10％至 40％为要件。如是佃农每年得以较少于从前佃租之金额，分为 68 年半偿清，而可完全获得土地所有权矣。惟 1903 年之土地法，因财政计划未能贯彻，自耕农创定事业，不易完成，政府復颁布 1909 年之土地法（一称 Birrell Act），改为地价，以有 3％利率之土地债券支付佃农，则每年缴纳 3.5％之金额，分为 65 年半偿清，自此两法实行以后，成效较前更著，即自 1870 年至 1902 年间，自耕农地仅设定 250 万英亩，自 1903 年至 1920 年 3 月，则设定 700 万英亩之自耕农地云。欧战以后，爱尔兰虽分为南北二部，而自耕农创定事业，仍继续行之，其政策更为猛进，即爱尔兰颁布 1923 年之土地法，以期完成自耕农创定事业。依该法规定，凡在爱尔兰自由国内之一切佃地，悉于一定期限内，由土地委员会强制收用，此等佃地中，除保留一部分充稠密地方改良之用外，其余均用分年偿还法卖之从前之佃农。且该法施行后，虽土地委员会尚未收用时，佃农不要再向地主缴纳地租，但按照从前佃租之 75％，交款于土地委员会，由委员会从其中控除征收手续费及地税后，将其余额交于地主。盖土地委员会早晚必收用一切佃地，故一时虽未收用，而已视为土地委员会之所有地，地主与佃农间之直接关系，先废止之，是即所以积极的完成自耕农创定之政策也。北爱尔兰亦于 1925 年制定北爱尔兰土地法（Northern Ireland Land Act），设土地购买委员会（Land Purchase Commission），定于本法施行后四年内，将一切佃地强制收用，依分年偿还法卖之从前之佃农，其方法殆与爱尔兰自由邦同。如此爱尔兰初瘁力于佃种制度之改革，续专志于自耕农之创定，不过五十余年，而事业几以大成，爱尔兰在世界各国中，本为佃种问题最深刻之国，而今已一扫而空之，可见佃种制度或土地制度，不患其积弊之深，而患无涓除此积弊之政策及实行方法耳。

中国佃种制度虽如前所述，流弊孔多，然尚不及爱尔兰往时之甚，若能及时改革之，则于土地制度改革上，收效必较速而且宏。至改革之着眼点应在何处，于次节讨论之。

第五节 中国佃种制度改革问题

中国佃种制度应行改革中之点颇多，兹举其荦荦大者，略论如下：

（一）减租问题

佃租问题为佃业纠纷之主要争点，征之外国，大抵如斯。中国佃租之公平与否，固视各地情形之差异，不能执一以论，然如前所述，佃租已有过高之倾向，若再任其自然，恐将来更有增征之虞。故减租亦为保护佃农之一法，惟租额及租率应减至如何程度，其实施方法应如何，斯真为不易解决之一问题也。当北伐初起时，中央党部即有"二五减租"之决议，而尚未实施，民国 17 年，国民政府《佃农保护法草案》第 2 条，定佃农缴纳租额，不得超过所租地收获量 40％。江苏于民国 16 年 12 月颁布减租办法，未实施，复加修订，卒等于具文。浙江之"二五减租"运动，较之他省颇努力进行，民国 17 年制定"《二五减租暂行办法》"，即实施之，嗣以阻力横生，办理亦未尽妥善，致佃农得沾实惠者颇鲜。其原因固不止一端，而该办法第 3 条规定"土地收获除副产应全归佃农所有外，双方就该田亩情形以常年正产全收获量 37.5％为缴租额"，此为惹起争端之主要点。盖在稻田，何者为正产，何者为副产，尚易判定，旱田则此两者有难划鸿沟之感，所谓"常年正产全收获量"者，究有若干，非佃业双方实地调查，不易得其真相，且准此办法，须每年先调查全收获量，而后酌定租额，此亦为窒碍难行之一点。重以浙江各县纳租法不止一种，有纳谷租者，有用钱租者，有分租者，今以全收获量为租额之标准，是使向用定租法者，一律改用分租法，不惟易启事端，亦恐蹈分租之弊（分租之得失前已述之），故此办法，尚须改正。然则公正佃租将如何定之而后可？田有肥瘠之分，年有丰歉之别，农产物之种类颇多，地主与佃农间之种种关系，又至难齐一，而欲定一最适当之减租标准施行之全国，恐属难能，前爱尔兰公正佃租之决定标准，虽无明文，而据 Magill 之所说，公正佃租之决定，大抵以①土地之生产力，②农产物之价格，③农业经营费，④佃地改良及佃地毁损之状况为标准。至此等事项，如何斟酌之计算之，则一任补助委员会（Subcommission）之自由裁定云。公正佃租本为一种之社会的观念，社会愈进步，公正佃租愈减少，若欲树一定不变之原则，恐非易事。据爱尔兰之实例，自采用公正佃租额之决定方法后，佃租每年改正一次，辄轻减一次。他如从前苏格兰及德国之减租，亦有同一现象。我国之减租运动现虽未大有成效，而果能定较为适当之标准，逐渐实施之，则减租之目的，终可实现也。

（二）佃权安定问题

佃农之主要的要求，固在佃租之低下，而佃权之安定，尤为减租之有效的方法。地主滥用其权利，出于撤佃之举者，为欲达增租之目的也。倘佃权不先安定之，则地主遇有机会，辄思增租，佃农若不承认，必遭撤佃，势必至忍受其要求，如此，则减租不易实行，即一时减之，后当复增，故佃种期限，必须以法律定其最低年限。我国佃种期限除永佃权外，大抵以无定期佃种为多，据《民法》459 条之规定，地主之撤佃权利，已受多少之制限，而据《民法》第 450 条第二项之规定，"未定期限者，各当事人得随时终止契约，但有利于承租人之习惯者，从其习惯。"虽终止契约之期间或因习惯的关系，稍以延缓，而为时必属无多，故不定期佃种，其佃权太不安全。又据《民法》第 440 条之规定，佃农若迟延纳租，便可撤佃，虽撤佃之前，有相当期限，而期限之最高限度及最低限度，法律上尚未规定，此实有利于地主，而不利于佃农，盖佃农不纳租，固不合理，然亦宜斟酌实际情形，准许其分期补纳，若一次迟延纳租，地主即有放逐佃农之权能，所谓迟延者，又无一定期日，是不啻增多地主撤佃之机会也。故佃种期限应以法律规定其最少年限（至少须十年），且劝导佃业两方应将从前之不定期佃种，悉改为定期佃种，于一定期限内，不准增租，如是则佃权安定，佃农可谋农事之改良矣。

至《民法》第 842 条，关于永佃权之规定，较之日本民法规定永佃权之年限，确为进步，但该条第二项云："永佃权之设定，定有期限者，视为租赁，适用关于租赁之规定"，不无可议。盖永佃之性质，与普通佃种大不相同，虽或定有期限，决不可与普通定期佃种相提并论，今则视为一律，殊非保障永佃权之道。又据第 845 条之规定："永佃权人不得将土地出租于他人"，其第二项云："永佃权人违反前项之规定者，土地所有人得撤佃"，此即防止转租之意，甚为适当，但各省永佃地已转租者不鲜。

倘法律上不与以犹豫期间，俾行整理，恐永佃权之被撤者必多，此亦非维护永佃权之本旨也。

（三）佃地改良费偿还问题

若佃租臻于公平，佃权得以安定，则佃农当可励其向上之心，而从事于土地改良矣。然佃农以自己费用，改良佃地，增高其价值，而于退佃或撤佃时，地主若不偿还其改良费，而即收回佃地，是不啻没收佃农之财产也。爱尔兰在田种制度未行改革以前，佃地改良，概由佃农行之，地主在法律上，无偿还费用之义务，因之佃农改良土地，地主即增征田租，佃农若不应之，地主辄撤佃，转租于他佃农，而益高其租额。如此，佃农改良土地，非受征租之累，则遭撤佃之殃，其不合理实甚。1870 年之地主及佃农法，规定佃农有请求改良费偿还之权利，即所以杜其弊也。我国《民法》，虽于佃地改良费之偿还，未特别规定，而第 431 条云："承租人就租赁物，支出有益费用，因而增加该物之价值者，如出租人知其情事，而不为反对之表示，于租赁关系终止时，应偿还其费用，但以其现存之增价额为限。"该条第二项云："承租人就租赁物所增设之工作物，得取回之，但应恢复租赁物之原状"云。照此条规定，佃地改良费，应作为有益费用以偿还，当无问题，但地主如反对于先，或虽未反对，而不知其情事，均可不偿还，此实示限制佃地改良之意。至第二项所云，但许佃农取回其工作物，而不规定地主应买收其工作物，亦于佃农不利。要而论之，佃地改良之范围，应较民法上所谓有益费用者为广，凡佃地之一切改良，应不问地主之承诺与否，佃农得自为之，其解约时，改良费用应由地主偿还，如此方可鼓佃农改良土地之勇气，而大有裨益于产业。否则，佃农不肯冒险而行改良，地主又不愿出资而行改良，则虽佃租适当，佃权安定，而于农产之增加，仍无多大贡献，是未贯彻保护佃农之旨趣也。

如上所述，可知中国佃种制度应行改革之要点矣。果能准此行之，其于农业经营问题及农村社会问题，当可解决其一部分。然佃农制度改革，虽可间接促进自耕农之增加，而欲全国耕者有其田，则当更进一步，而谋相当之办法，所谓自耕农创定政策者，应与佃种制度之改革，相辅而行，庶可逐渐达耕者有其田之目的。我国东北及西北诸省，开垦之余地尚多，将来可采用内地殖民政策，兼行自耕农之创定。如欧战前，普鲁士之地代农场法，可师其意而行之。中国中部及南部诸省，佃农颇众，农业经营之面积较北部为小，未垦地又属无多，将来宜仿爱尔兰及罗马尼亚之成例，再斟酌事情，制定法律实施之，如是方可从根本上解决佃种问题。至自耕农创定之方法及步骤，应如何行之，其中问题颇多，兹不暇论。惟有宜注意者，自耕农创定之后，若政府不请求适当之方策扶植之，保护之，则自耕农有时仍为佃农，或别谋他种职业而去，恐佃种制度再行发达。此则全视国家之经济政策及农业政策之运用如何，而结果大相悬殊也。

　　最后有宜注意者，中国农民大半为穷乏之小农，将来果能将佃农全改为自耕农，事固甚善，但萃此无资力无组织之小农，耕作小面积之土地，欲求其经营合理化（Rationalization），亦恐难能。且以孤立无助之小农，与现在瞬息万变之经济潮流相抵抗，或设法顺应之，更非易事。故为中国农业前途计，宜及早整理耕地，令农民得扩充其经营面积，以便使用新式农具或机械，再依合作组织，互相联合，凡资金之融通，原料之购买，产品之运销，及器械之利用，均共同行之，如是，则自耕农之经济的地位，乃以稳固，农业自日趋于繁荣矣。

第八章　农产物之价格

第一节　农产物之价格构成

在自由竞争之下，日常买卖之商品，有两种价格，即①市场价格（Market Price），②正常价格（Normal Price）是也。前者为市场中之买卖价格，所谓市价者即此；后者为理论上之价格，如生产之理论的计算上，评定某物品应有若干价格，所谓标准价格（Standard Price）者，即此也。市场价格，依供给及需要之法则（The Law of Supply and Demand），随时与地变动无常。然从长时期视察之，市场价格亦以正常价格为中心而腾贵或下落，盖市场价格与正常价格相近，本为自然之法则也。若市场价格与正常价格演成绝无关系的状态，则生产组织将为之扰乱矣。故普通以正常价格为测定市场价格之标准。

正常价格如何构成之，诸学者所说，尚难一致；而谓正常价格，由生产费（Cost of Production）与合理的利润（Reasonable Profit）而构成者，较为普通。工业生产品即依此原则以决定其价格，故市场价格高至正常价格以上时，赢利之分配必较多，若市场价格降于正常价格以下，无利润之可言，或继续跌落至不得偿其生产费，则其事业失败，势必中止其经营，故工业生产品之价格，普通以不下于正常价格为要件。农产物之价格，若能依此原则决定之，则农业者与商工业者，得于对等之生产条件下，自由竞争，当不至处于不利之地位，即稍有不利之点，而既在生产界有均等之机会，其得失应视各方之努力如何而定，农业者不至时作不平之鸣。然欲使农业与他之生产业立于对等之地位，须先认定农产物之价格，应与他之生产物之价格，依同一原则构成之，即农产物之正常价格须自生产费与利润构成之，凡奖励农业生产或调节农产物价格之政策，应以是为目标而行之。

农业物之正常价格之主要要素为生产费，生产费增加，则正常价格随之而高，生产费减少，则正常价格随之而低，此理论上应有之结果也。顾同一物品之生产费，有高焉者，有低焉者，应以何种生产费为价格构成之要素，斯真农业经营上之一问题也。

从前经济学者，以为工业品之价格依最低生产费定之，农产物之价格，则依最高生产费定之。盖在工业，资本丰富经营合理者，其生产费务求其低，因之制品可以廉价出卖之，而此等工场之生产能力，又足应一切需要而有余，他之小规模的工业，自然不胜其竞争，相继消灭，故大工场之最低生产费，可决定其制品之价格。而在农业，土地面积既有限制，收益渐减法则又作用于其间，决不能在一定区域内，生产全人类所需要之谷物及其他农产物，因之不论暖地或寒地，平地或山地，苟为人类所居住，而有适于耕作之土地，势必开拓之，以扩充食物之给源，盖不如是，不足副人类之需要也。然耕作范围既自优等地而渐移于中等地及下等地，其对于单位面积之生产费，必渐增其比例，因之农产物之价格，亦必依最高生产费定之。何则？下等地所需之生产费，在各等土地中为最高，农产物之价格，若不依此标准决定之，则下等地之经营者，不足偿其生产费，必至于辍耕，下等地既废而不用，倘农产物之价格，仍不以最高生产费为标准，则中等地亦将无人耕之。果如是，则农产物之供给不敷需要，其价格必至腾贵，俾中等地及下等地渐恢复其耕作，以保需要与供给之均衡云。

以上所述，即所谓最高生产费说（The Greatest Cost Theory）是也。此说颇含有真理，然惟需要与供给全然一致时，得适用之，而在事实上，此说不能存在也。假定农产物之价格均依最高生产费决定之，则在中国、日本、印度、暹罗及印度支那诸产米国中，日本米之生产费最高，日本米价将为世界米价之标准，而使中国及其他诸国之米价亦随之而高，然日本米之生产费虽高，而不能诱致中国及其他诸国之米价与之接近，且日本之米价，反有时因印度、暹罗及印度支那米之输入，而渐以低落，是日本米价未必有提高印度诸国米价之作用，而印度诸国米价确有压低日本米价之作用也。从前欧洲旧开国之农产物，不胜新开国农产物之竞争，而至于价格崩落者，亦即此理。由是可知在自由竞争之市场中，凡品质相近而生产费大相悬殊之物品，同时出卖时，高的生产费支持价格之力弱，低的生产费压下价格之力强，此种现象，不惟国际间有之，即在一地方与他地方间，或一村与他村间，亦莫不然。

如上所述，则正常价格之评定，以生产费为标准，将为无意义耶？是又不然。低的生产费之农产物，固可压迫高的生产费之农产物，而亦视需要与供给之关系而殊。盖需要与供给为决定价格之基本因子（Basicfactors），供给增大（Large Yields）含有价格降低（Lower Prices）之意，供给减少（Short Yields）含有价格上升（Higher Priees）之意，即农产物若丰收，价格自随之下落，高的生产费之农产物价格，将降而与低的生产费之农产物价格相近；农产物若歉收，价格自随而上升，低的生产费之农产物价格，将跃而与高的生产费之农产物价格比肩，此市场之普通现象也。然评定正常价格之目的，在依此标准以调和价格与生产费间之关系，俾不至越乎常轨，以破坏生产组织。经营者须深明此旨，国家或公共团体有调节价格之责任者，尤其于农产物之生产费三致意焉。

利润（Profit）亦为正常价格构成之一要素，就商品之生产而言，若生产物之价格在生产费以上，则此时所生利润，应为企业者（Enterpriser）之所得（Income），但此种所得，系企业者以企业者之资格得之，非以他种之资格得之，即企业者以地主或资本主（Capitalist）之资格所得者，不含于利润中。例如企业者所使用之土地属于自有时，则企业者即地主，其所得中应属于地租（Rent）之部分者，以地主之资格得之；企业者所使用之资本属于自有时，则企业者即资本主，其所得中应属于利息之部分者，以资本主之资格得之，即地租及利息与利润不容相混。何则？自己所有之土地或资本，虽贷之于人，亦可得地租或利息，而惟利润，则非企业者，不能得之。盖利润为对于企业者之智识经验及其冒险的精神之报酬也。

现在商品之正常价格，既以生产费与利润构成之，则商品之正常价格，应在生产费以上，可毋俟言。惟生产费在生产上为绝对必要的，不有生产费，直无生产之可言，而利润则非俟生产物完全处分后，不能决定之，各年中利润有多焉者，有少焉者，或有等于零者。我国农业，多为家族经营，企业与资本及劳力不易分离，即企业者为资本主，亦即为劳动者，对于资本之利息及对于劳力之工资，如能得之，于愿已足，至利润之有无，非其所计及也。然商品之正常价格自生产费与利润而成，农产物为商品之一种，其正常价格之构成，应归一律，如谓农产物之价格能偿其生产费即为已足，是歧视工业品与农产物之价格构成，非正当也。

以上所述，农产物之正常价格，系就理论上而言，而在实际上，农产物之市场价格，有低于正常价格者，亦有高于正常价格者，要视需要与供给之关系而殊耳。然需要与供给之两方面，仍各视特殊事情之变化，而蒙其影响。James E. Boyle 于价格与价值（Value）及其与需要供给之关系，所说颇简括，且以图表之，兹示如下（图略）：

即价格为以货币表示之价值，而价值依界限效用（Marginal Utility）而定，界限效用依供给及需要而定，供给依生产费而定，需要依效用而定。故供给或需要之变化，其影响及于价值，生产费或效用之变化，其影响及于供给及需要，因之影响及于价值，由此可见一商品价格变化之原因，颇为复杂，非综合供给与需要之两方面观察之，恐难得其真相，而农产物之供给与需要，尤有一种之特殊性质，因之农产物之价格，常动摇不定，调节颇难，当于次节述之。

第二节　农产物价格与需要及供给之关系

农产物之价格，因种种事情而变迁，而其需要与供给，具有一种特性，最足影响于价格，兹分别说明之如下：

（一）农产物之需要乏于弹性

凡对于财货之需要，各异其弹性（Elasticity），即对于某种财货之需要，概为一定，鲜有伸缩之自由，且其财货之消费，易使人饱其欲望，其需要不因财货价格之变动而有所变迁，即有之，亦甚微少，如此之需要，谓之乏于弹性。若对于某种财货之需要，应其财货之价格，或需要者之购买力，迅速变迁，如此之需要，谓之富于弹性。顾财货之价格及于需要增减之影响，依需要之弹性强弱而殊，而需要之弹性之强弱，亦足左右财货之价格。概而言之，某种财货之需要富有弹性者，其价格变动少，乏于弹性者，其价格变动多。即财货有富于弹性之需要者，其价格腾贵时，需要辄随而减少，因之阻止价格腾贵之势，其价格下落时，需要辄随而增加，因之阻止其价格下落之势；而在需要乏于弹性者，不论其价格腾贵或下落，需要鲜随之而变化，因之价格变动之势，受其阻碍者少。故富于弹性之财货，其价格变动较小，乏于弹性之财货，其价格变动较大，农产物即属于后者也。

对于农产物之需要，得分为食料（Foodstuffs）与工业生产的原料（Raw Materials of Industrial Production）观察之。食料为生活上之必需品，而吾人对于食料之欲望，有一定分量，其未满欲望时，必思有以充足之，虽牺牲他种欲望，亦所不惜，一旦满此最必要之欲望，已不复求其多，即食料之饱和点（The Saturation in Food）易以达到。故食料之价格腾贵时，苟有金钱，必购买之，以充其需要；其价格下落时，需要亦适可而止。所以对于食料之需要，为非弹性的（Inelastic）。至为工业的原料之农产物，其需要较为弹性的（Elastic），其饱和点不易达到，例如对于棉花、麻及丝之需要，受景气循环（Business Cycle）之影响较大，而食料为不可一日或缺之物，不问景气之如何，其需要之伸缩性甚小也。且工业的原料得以非农业品代用之，例如生丝可用人造丝代之是也，而食料则有所难能，马可用摩托（Motor）代之，而豚及乳牛决不能以机械替换之，虽对于一种食料之需要，时有变迁，而就食料全体观之，则其变化甚微。故食料需要之弹性，比之工业的原料为小。

农产物中有属于食料者，有属于工业的原料者，似其需要之弹性，不相一致，然世界之农产物，大部分自食料而成，诸学者以为农产物之需要乏于弹性，良有以也。农产物有此特性，故其价格易生变动，而于谷物为尤著。谷物之需要，乏于弹性，其供给苟稍有过不足，即足惹起价格之大变动。谷物供给过多或不足时，其价格之下落或腾贵，每超于其过多或不足之程度，此种事实，往往有之，谷物买卖上投机之易行，职是故也。

（二）农产物之供给乏于弹性

当农产物之价格变动时，农民不愿或不能伸缩其生产，以适应之者，固有种种原因，而农业上生产因子之供给乏于弹性，实为其主因。即①旧开国土地之供给概有限制，即就新开国而言，土地虽有余，而非费许多之岁月及金钱，完成其开垦，则土地之一时的供给，亦不能充分得之；而土地既经开垦而耕作之，欲求其废而勿用，其速度当较开垦为迟缓。②土地是不可移动的，投下于土地之资本，辄变为永久形或固定形（Permanent or Fixed Form），其程度较之投下于工业者为深，因之农业资本之增减，比之工业为非弹性的，农民既投下资本于土地，必不愿放弃之，即当价格下落时，尚继续生产，而不顾其他，所以农业之生产调整（The Readjustment of Production）与价格运动间，常发生一种之"Lag"，此"Lag"在价格下落时，比之价格上升时为著。③农业上劳力之供给亦乏于弹性，而于家族经营为尤然，盖家族经营以自家劳力为标准，定业务范围之大小。农产物价格腾贵时，虽欲扩充面积，而往往为劳力所限，不能如愿以偿；农产物价格下落时，彼亦经营如故，盖土地既不忍放弃，劳力又别无利用之途，不得不继续其业务也。且在实际上，农民于价格低下时，不惟不愿减少生产，或且设法增加生产，以期补偿其损失，其有冒然减少生产者，反受两重损失，盖收量既少，价格又低故也。如此，农业上生产因子之供给，乏于弹性，因之农产物之供给，不能如工业品，应价格之高低，自由伸缩，虽就各作物分别观之，其弹性之大小不同，而就农业之全体生产而言，其弹性实小。

农业上尚有一种特殊性质，即依其生产时间之长短（The Length of the Productive Process），发生支出与收入间之经济的时迟（The Economic

Lag between Expenditure and Receipts）是也。农业自着手生产以至收获，要有相当之时日，其所投下之生产费，非俟数月或一年后，不能收回。景气上升之际，经济的时迟之作用，固有利于农业经营，然正惟因有此"Lag"，欲急起直追，增加生产，以获厚利，恐为时间所限制，势有难能；不景气到来时，则受此"Lag"之拘束，损失益重，故经济的时迟足减少农产物供给之弹性，使其不易与价格之高低相适应。

由上所述，可以知农产物之需要及供给，均乏于弹性，农业不能如工业之适应经济事情者，良有以也。其次有宜注意者，农产物价格与工业品价格间之差，常不绝发生所谓剪形价格（Price Scissors）者是也。此种现象于农业恐慌时，尤为显著。国际农业委员会（The International Agricultural Commission）曾搜集各国数多材料，制成一表，1927 年国际经济会议之报告书中转载之，其内容颇有价值，示之如表 8-1。

表 8-1　农产物售价指数与各物买卖指数之比较[1]

（年份：1925—1926 年；基期：1913—1914 年）

物品种类	价格指数（%）	出售农产物之购买力（%）	购买此等物品所需农产物之数量(%)[增（＋）减（一）]
出售农产物	129.8		
		经营费用	
机械及工具	154	84	（＋）19
人造肥料	118	110	（一）9
浓厚饲料	128	101	（一）1
现金费	145	90	（＋）12
兽医费	135	96	（＋）4
农场建筑	165	79	（一）27
总经营费	143.5	90.5	（＋）10.6
		家庭消费	
农具	182	71	（＋）40
盐糖咖啡	156	83	（＋）20
总家庭消费	175.9	73.8	（＋）35.5

备考：（1）G. O'Brien《Agricultural Economics》。

由表 8-1 观之，可知农产物与工业品之价格，除一、二例外，其差颇大。1925—1926 年，农产物之价格指数，虽较 1913—1914 年尚高，而其购买力则减少。美国农务部尝调查农民之贩卖价格与购入价格（为生产或消费而购入者）之差，亦有同一现象，举例如表 8-2，以资考证。

表 8-2　美国农产物价格指数（1909—1914＝100）[1]

物品	1919（指数）	1921（指数）	减少百分数（％）	1929（指数）	1931（指数）	减少百分数（％）
谷物	231	112	51	121	63	48
水果及蔬菜	189	148	21	136	98	27
棉花及棉子	247	101	59	145	63	67
肉类	206	108	48	156	93	39
酪制品	188	134	14	140	94	33
家禽产品	222	139	22	159	96	40
总计	209	116	44	138	80	42
农民购买品	205	156	24	155	126	19
农民价值[2]（Dollar）	102	75	26	89	63	29

备考：（1）《World Agriculture》。

（2）Value of farmer's dollar is reckoned in terms of the goods he has to purchase (but excluding labour costs)。

农产物价格与工业品价格之悬殊，大抵农业恐慌之程度愈深，其差愈大。据表 8-2 比较 1919 及 1921 之变化情形与 1929 及 1931 之变化情形，即可了然。又农民所贩卖之物品，以批发价格（Wholesale Price）出之，其所购买之物品，以零售价格（Retail Price）得之；而零售价格之低落，概较批发价格为迟。故农民贩卖物品价格与购买物品价格间，更因此增其不均衡（Disequilibrium），而农民受累益深矣。更有宜注意者，当农业恐慌发生时，农产物之价格跌落，而农民所支出之一部分，其金额概为固定，例如对于土地之租税及佃租，对于固定资本之利息及旧债之偿还等是也。此时农民以价值减少之产物，换取价值增高之货币，再以此等货币，偿付一定不变之支出，其经济上困难之状况，自然与日俱深矣。

第三节　农产物价格之调节

农民对于自己所有之农产物，其最所希望者为公正价格（Fair Price）之获得，然农民仅从供给方面着想，而于需要方面之种种事情，未加考虑，往往因需要不足，供给过剩，以致价格崩落，不足偿其生产费，此则农民所不及防，而亦无法以制止之者也。原来价格有二种：一为自然价格（Natural Price），他为人为价格（Artificial Price）。前者依自由竞争而定，或有时称为需给的价格（A Supply and Demand Price）；后者则于自由竞争以外，以政府或其他公共团体之力控制之。农民乏于市场智识，欲求其在自由竞争场中，获得公正价格，其事颇难，若欲组成团体（如运销合作社储藏合作社等）以谋价格之安定，在小区域内尚为有效，倘农产物之价格，受世界市场之影响，迭有变迁，而欲维持之，恐非农民之力所能及。故农产物之价格调节（Valorization）或价格统制（Price Control），非借国家之力行之不为功。近来世界各国，农产物价格之调节或统制，其方法不一而足，要各视农产物之种类及其国之经济事情而殊，欲总举之，势有难能，兹先就美国农产物之价格调节策略说明之，以示一例。

美国农产物之价格调节策略，近年颇努力进行，而于小麦及棉花为尤著。美国 1923 年有所谓莫纳里汉根法案（Monary Hangen Bill）即过剩农产物统制法案（Agricultural Surplus Control Bill），已为议会之重大问题，虽通过两院，而大总统否决之。至 1929 年，农产物贩卖法（Agricultural Marketing Act）始成立。依此法，设立联邦农务局（Federal Farm Board）于中央，其目的在谋农产物价格之安定（Stabilization），其方法则在①抑制投机，②改善分配方法，③令生产者组成适当之团体，④对于农民个人及合作社之贩卖事业，融通资金，且设特别经理处（Special Agencies）为之斡旋，⑤统制过剩农产物，以防价格之大变动。该局于 1929 年 10 月末，以维持小麦价格之目的，贷与资金于合作社，当时该局以为价格之下落，由于市场滞货之过多，故使合作社融通资金于社员，令其于小麦价格未上升时，勿出卖其产品，嗣以效果未著，采纳小麦顾问委员会（Wheat Advisory Committee）之建议，于 1930 年 2 月，设立谷物安定公司（Grain Stabilization Corporation），是 2 月至 5 月间，该公司购买小麦以维持价格，其量颇巨。至 1930 年收获之小麦出现于市场，价格大落，是年苏俄小麦输出之突增，亦与有力焉。至 10 月 10 日，芝加哥（Chicago）之 12 月期货，达于 28 年来之最低价，该公司复收买小麦，以防农民之仓皇出卖（Palicky Selling），俾国内价格不至惨落。据该局主席 Mr. Stone 之所说，此举颇有效果，征之实际，美国小麦之国内价格，因此次收买，每蒲式耳（Bushel）较之世界价格高 25 美分（Cents），可以证明之。乃未几，而联邦农务局改变其政策，拟减少小麦之栽培面积，至 1931 年 5 月末，遂停止小麦之收买，此由于仓库已无余地，资金又将告罄也。

联邦农务局对于棉花价格之调节策，其初亦向棉花运销合作社融通资金，以维持其市价。至 1930 年 1 月末，棉价下落至每磅 16 美分（Cents）以下，嗣复继续跌价。该局遂于 6 月设立棉花安定公司（Cotton Stabillizstion Corporation），贷以 15 000 000 美金，俾收买棉花，是年末，已储藏棉花 1 300 000 包（Bales）。联邦农务局一面依收买政策力谋价格之调节，一面警告农民令其减少棉花之生产，而其效颇微，棉花价格续跌，至 1931 年 8 月 11 日，达 30 年来之最低值，于是南部棉作地方，主张 1932 年之棉花面积须行减少者亦多矣。

美国联邦农务局之最初目的，原在依金融政策，谋贩卖之统制，以维持农产物之价格，而卒不克如其所预期者，因 1929 年之农产物贩卖法成立时，以美国之通常状态为标准而计划之，自世界恐慌猝发，从前所视为最有效之价格调节策，不能充分发挥其机能，且价格虽下落，而政府既融通资金，复行收买，反足助长其生产。故联邦农务局，虽拥有五亿之美金，而对于继续增收之小麦及棉花，遂失其调节之能力，此非政策之过也。

近世以来，世界各国之农产物价格调节策，层出而不穷，而于农产物之有国际关系者，其调节方法，尤为特殊。就欧战前后统观之，除欧战中欧美诸国，对于主要农产物防止价格之暴腾，以图供给之圆滑外，其余调节策，大都在提高价格或维持之以防暴落。而其所行政策，概为农产物供给之统制，虽其法不止一端，而其主要者，约有数种，兹概述之于下：

（1）农产物之生产制限以法律限定栽培面积，有逾此限定数者，则对于其输出，课以累进税。英国在马来岛及锡兰岛，曾施行之于橡皮，所谓斯特凡森法案（Stevanson Act）者是也。又如巴西（Brazil）对于咖啡之新种植者，以课税法制限其生产，埃及以法律断行棉花 30％之减产，去年（1933 年）美国亦限制棉花之栽培面积；至如古巴（Cuba）刑罚禁止砂糖栽培之增加，尤为严峻。凡若此类，皆所以调节农产物之供给，以维持其价格或提高之也。此种政策，实为不得已之举，盖在农产物之供给过剩时，虽可由政府收买而保管之，但以财政的关系，恐不易实行，即一时能实行，而在某年虽得收藏过剩农产物，以防市价之低落，而翌年若为同一之生产或增加之，则需要不变时，势不得不再收买而保管之，如是收买之资金，既须充裕保管亦要相当之费用，继续行之，损失必不赀。故某年自市场收藏过剩农产物时，翌年若不限制生产，则其已经收藏之农产物，实穷于处理，而价格调节之目的，终不能达。农产物之价格调节策以生产制限为其最后手段者，职是故也。惟农产物之有国际关系者，一国限制生产，他国必须同时行之，方有效果。例如英国之橡皮生产制限，本以三年为期，而荷兰反乘此时增加橡皮之生产，英国乃不得已撤回其生产制限法。古巴之砂糖生产制限，亦蹈同一之覆辙。故一国某种农产物之供给量，仅为全世界供给量之一部分时，生产制限行之一年尚可，若继续数年行之，则不惟无调节价格之效，而有时反招损失。至如一国某种农产物之供给量，占世界全供给量之大部分，世界之市场价格，当为自国之市场价格所左右时，则生产制限，于价格调节上，有相当效果，例如巴西之咖啡是也。更有宜注意者，生产制限之目的，在调节价格，调节价格之目的，在为生产者谋利益，故生产者因价格上升之所得与因生产减少之所失，其间利害如何，尤宜充分考虑之，方可采用此法，否则，悖乎价格调节之本旨矣。

（2）农产物之输出制限法此法与生产制限并行之者有之，单独行之者有之，即限定某种产物之输出额，俾国外市场感供给之不足，以提高其价格，例如巴西之咖啡，英国之橡皮，古巴之砂糖，皆曾采用此法者也。惟农产物既行输出制限，则输出港之滞货，必日益增加，其结果非由政府收买而保管之，则亦难达其目的。从前巴西之咖啡调节策，采用此法而备尝艰苦者，即由乎此。且行输出制限之国，亦须视其国供给量与世界全供给量之比例如何，方可定之；否则，一国减少其输出，转与他国以增加输出之机会，是反乎本来之目的也。例如砂糖输出国，各有相当之输出额，若非依国际协定，以共谋供给之制限，而惟一国励行其输出制限，则适使他国得渔翁之利，前古巴之查德伯恩法案（Chadbourne Bill）以砂糖之输出制限为主旨，而兼主张国际协定者，即此理也。

（3）农产物之贷款及收买法。对于农产物融通资金，俾生产者不至急于出售，以谋价格之调节，此法各国最广行之；惟采用此法大都以农产物为担保，而贷以资金，其利息及仓库保管费，概为生产者所负担。若其保管期间过长，则利息保管费与日俱增，即农产物之减耗量，亦复不少，生产者因不堪负担，必至争行出售，以释其忧，政府若听其自然，势必至市价崩落，于是政府不得不自行收买，以保需给之平衡，故对于农产物之融通资金，其后多继以收买。例如前述美国小麦及棉花之调节策，即其例也。他如巴西之咖啡，日本之生丝，亦曾适用此法焉。

以农产物为担保而融通资金，在短期间内，诚有调节价格之效能，惟担保的价格如何定之，实为困难之一问题。例如美国对于棉花之贷款，农业中期信用银行初以棉花时价之65％为限，而农民大为不满，宁以时价出售之，以期多得现金，于是联邦农务局于银行贷款之外，更准时价之25％，融通资金，合作社又贷以10％之款，俾农民得与时价相等之现金。日本之丝调节策，其融通资金亦以时价为限，或有时在时价以上，盖不如是，不足防止其出卖也。至如收买时，至少当以时价为度，倘在时价以上，则价格之调节，更易奏效矣。但不论何时，政府既行收买，非至市价恢复常态时，决不可任意出售，以惹起价格之崩落。

（4）农产物之国际协定。某种农产物在国际贸易上，有极重要之关系，而且有广大之范围者，倘专恃一国以谋价格之调节，其势万不可能，故非国际的协定其价格不可。然各国间利害多不一致，而欲达此目的，殊非易事。例如小麦之国际的协定，经数次之国际会议，至去年①世界经济会议，始有成议，即其明证也。兹略述小麦会议（Wheat Conference）之颠末，以供研究之资料。

小麦问题久为世界问题之一，而各国代表集合讨论此问题者，以罗马小麦会议（The Rome Wheat Conference）为最先，此会议于 1931 年 3 月 26 日开幕，欧、亚、中美、南美、加拿大、澳洲、非洲之小麦输入国及输出国，均有政府代表出席，足见此会议含有世界性（World Character）。美国虽无政府代表出席，而有专家数人参加会议，颇多发表重要之意见，本会议先由专家委员会（The Committee of Experts）提出草案，其议题凡三种，即如下：

①小麦生产及贸易之国际的组织（International Organization of Wheat Production and of Wheat Trade）；

②国际农业信用（International Agricultural Credit）；

③特惠关税（Preferential Tariffs）。

本会议依此等议题，分为三组，特别研究之。所得结果，于 4 月 2 日，由大会议决之，撮叙其要点如下：（A）关于第一议题者，为①小麦消费国，应研究扩充消费之方法，②欧洲诸国因经济的社会的或政治的理由，不能放弃小麦之栽培，③如某国认为小麦生产之减少为可行，应于生产者间，用教育的宣传（Educational Propaganda）以鼓吹之，④欲解决小麦恐慌问题，须改良小麦市场之组织，而如滞货之处理，尤为必要，⑤各国于小麦生产及贸易之范围内，所有一切计划，万国农会及国际经济团体（The Economic Organization of the League of Nations）应赞助之，以期取一致行动，⑥世界小麦生产及贸易组织，能否改良，盖视各国之报告及统计，能否改良为断，此点应共同努力。（B）关于第二议题者，为①本会议认为农业信用机关，可以改良农业之一般状态，尤可打胜谷物恐慌（Grain Crisis）；②国际金融委员会（The Financial Committee of the

———————

① 1933 年——编者注

Nations)，已筹设国际抵当信用机关（The International Mortgage Credit Institution)，希望其速行成立，供给中期及长期信用于各国农民，并可借此设立仓库（Elevators）地下室（Silos）及合作的堆栈（Cooperative Warehoses)，并组织贩卖谷物及其他农产物之合作社，至于农民非地主者，可利用中期信用，彼等虽乏抵当物，亦可提出别种之有效的担保品，如农产物之保管证（Warrants)，作物之留置权（Liens of Crops)，保证人（Sureties）或相互保证（Joint and Several Guaranties）是也；③在现在经济恐慌之下，短期信用尤为必要，各国政府应从速奖励此种信用，而欲求各国农业短期信用之发展，尤须亟谋国际间资金之流通。（C）关于第三议题者，因 1930 年 10 月第二次经济协调会议（The Second Conference for Concerted Economic Action）在日内瓦（Geneva）开会，其委员会报告之附录中，曾提及特惠关税问题，罗马会议即依此特设一委员会研究之，以多数重要小麦输出国代表有异议，尚无具体方案云。

如此罗马之小麦会议，建议颇多，果能准此实行，当可为小麦恐慌之一种治疗法。但此会议于小麦输出额之如何分配，及滞货之如何处分，尚无确实办法，于是依加拿大代表之提议，由欧洲及欧洲以外之小麦输出国先行协商，而伦敦小麦会议（The London Wheat Conference）遂于 1931 年 5 月 18 日召集矣。

伦敦会议出席者，为美国、阿根廷、澳洲、加拿大、匈牙利、印度、波兰、罗马尼亚、南斯拉夫、保加利亚及苏俄之代表，加拿大代表 Hon Georgo Howard Fergason 被选为主席，其开会词颇警辟，大致谓小麦之栽培，在人类之生存与享乐上万不可缺，因之农业必须维持，欲维持小麦栽培，有两种根本原则，即①小麦须应消费者之要求而无缺，②小麦生产者获得合理的价格（Reasonable Price)，欲研究此世界问题，可分为两种标题，即①处理各国之现存滞货，②改良将来过剩小麦之分配法云。本会议之主要目的，在使各输出国间，订立一种协定（Agreement)，以谋输出之调节，但欲为欧洲以外之输出国，定一分配制度（Quota System)，颇为困难。苏俄要求恢复其欧战前第一输出国地位，尤足使此问题不易解决，而美国联邦农务局及加拿大小麦联合公司（The Canadian Wheat Pool）滞货甚多，亦足为此协定之障碍。嗣波兰代表提议设一国际机关，研究1931至1932年间各国小麦之基础的输出分配额（Basic Export Quotas），但美国反对输出分配，而赞成栽培面积之减少（Restriction of Acreage），苏俄则以本国小麦需要增加之理由，反对栽培面积之减少，而欲以其欧战前之输出地位为标准，修正输出分配法，并排斥局部的特惠协约（Regional Preferential Arrangements）。似此意见两歧，殊难得一共通之点，其结果仅决定置一常设评议委员会（A Permanent Consultative Committee）以策进行，然本会议所提议之输出统制（Export Control），除美国反对，加拿大取冷静态度外，其余出席各国代表已赞成之矣。

自伦敦会议闭幕后，世界恐慌日以加甚，小麦问题，暂置勿论。去年[①]世界经济会议未开会前，美国、加拿大、阿根廷、澳洲之专家，先于日内瓦开会，协议小麦问题，以为将来小麦会议之准备，此四国意见颇接近，以为小麦输出国固应通力合作，输入国尤宜取共同行动，庶可解决此问题。嗣世界经济会议虽讨论小麦问题，而无结果，乃于8月21日再开会于伦敦，讨议数日，而小麦协定（Agreement on Wheat）以成，举其要点如下：①小麦输出国（苏俄及多瑙河诸国在内）允于1934年输出总额至多以56 000千万蒲式耳（Bushels）为限，惟在此总额中，苏俄可占若干，尚未协定，但有不出5 000万蒲式耳（Bushels）之谅解，②输出国允于1934年及1935年减少产额15%，但苏俄及多瑙河诸国不在内，③输入国附加声明书一件，大致谓输入国不利用输出国减少产额之机会，奖励麦田之增加，并允采用扩充消费之种种方法，并于麦价充分稳定时，减轻关税云。此协定虽未能将小麦问题完全解决，而数年来搁浅之悬案，至此可告一结束，然各国之代表已舌敝唇焦，备极艰辛矣。由是可以知农产物有重大之国际关系者，其价格之调节，决非一国所能为，并须输出国与输入国互相谅解，方可实行。凡研究农产物价格问题者，应于此三致意焉。

---

① 1933年——编者注

第九章　农业机械问题

　　农业工程学（Agricultural Engineering）之发达，近 80 余年来始见之。在 185 年前左右，工业之机械化，已有一日千里之势，而在全世界大多数之农民，尚使用其祖父所留遗之简单农具，而心满意足也。此为农业之特性所限制，前屡述之矣。然必要为发明之母（Necessity was the mother of invention），近世新开国因劳力问题，促进农业工程学之发展。例如 19 世纪中叶，美国之中西部及西部及澳洲，劳力非常缺乏，而节力的机械（Labour-saving Machine）之应用，遂以盛行，而其中成效最著者，为谷物收获之机械。1827 年，苏格兰已使用收获机械（Reaping Machine），翌年，复创制自动捆束机（Self Binder），澳洲南部农民初以劳动者难觅，收获时甚以为苦，乃于 1846 年创制剥离器（Stripper），每一蒲式耳（Bushel）之收获费用，自 3 先令 6 便士减为 6 便士。美国 1880 年，自动收割机和割捆机（Automatic Reaper and Binder）已广用之，在收割机和割捆机（Reaper and Binder）未发明前，谷物用镰刀（Hook or Scythe）收割之，每日仅一英亩，即用马拉收割机（Horse Drawn Reaper）收割之，每日亦不到 10 英亩，收集及扎缚，尚须以手行之，自收割机和割捆机（Reaper and Binder）使用后，节省谷物之收获费用，并减低面包之价格，其影响于欧洲及美洲之工业发达者不鲜。至联合收割机（Combine Harvester）使用后，节省费用尤多，即二人使用此机械，得每日收获 50 英亩之谷物。然联合收割机（Combine Harvester）之效用虽大，而现在广为使用者，尚限于美国之西部及中西部、阿根廷、澳洲、加拿大及苏俄。观之美国此等机械之输出额及其分配状态，即可了然。示之如表 9-1。

表 9-1　1925—1930 年美国联合收割机、脱粒机（Combine Harvester-Threshers）及脱粒机（Threshers）输出数量[1]

年份	总数	加拿大	澳洲	阿根廷	苏俄	四国合计	四国对总输出之百分数
1925	1 720	110	11	619	21	750	44
1926	4 444	368	97	3 637	4	4 106	92
1927	4 705	819	261	3 097	11	4 177	89
1928	7 317	3 560	3	3 116	33	6 712	92
1929	10 880	3 103	37	6 214	435	9 789	90
1930	6 573	1 531	11	2 622	1 376	5 529	84

备考：（1）《World Agriculture》。

　　阿根廷麦田以联合收割机收获者有 30%，依此所节费用约 34%。加拿大麦田用联合收割机收获者，亦有 15%～16%，据 Di. Riddel 之计算，用旧法时，每一蒲式耳小麦之收获费为 17.5 美分，用联合收割机时，仅需 9.5 美分。又据 H. R. Tolley 之所说，美国用联合收割机、脱粒机收割小麦及脱谷，每蒲式耳之费用为 3 至 5 美分，而若单用卷边器（Beader）或割捆机（Binder）脱谷时，每蒲式耳之费用在 10 美分以上，至用镰刀（Sickle）及连枷（Flail）收割产量 15 蒲式耳之麦田及脱谷每一英亩，须费劳力 35～50 小时，若用联合收割机，仅需 45 分的时间，即可竣事。

　　拖拉机（Tractors）之使用，近更加多；例如美国 1916 年，拖拉机之制造，仅有 30 000 架，1928 年则有 853 000 架，而其输出数亦较联合收割机（Combines）为多，示之如表 9-2。

表 9-2　1925—1930 年美国拖拉机输出数量[1]

年份	总数	加拿大	澳洲	阿根廷	苏俄	四国合计	四国对总输出之百分数（%）
1925	45 946	5 368	4 179	4 871	6 760	21 178	46.1
1926	51 242	8 320	4 990	2 433	9 703	25 446	49.6
1927	58 279	16 218	4 408	3 140	5 119	28 885	49.6
1928	57 869	21 837	5 137	4 982	5 083	37 039	64.0
1929	60 155	17 078	2 353	8 956	12 245	40 632	67.0
1930	49 896	9 903	1 883	4 751	22 840	39 377	78.9

备考：（1）《World Agriculture》。

拖拉机在欧战中及其后数年间，颇为高价，且技术上缺点尚多，故使用者鲜。近则价格低廉，构造改良，用途增加，生产费亦大减；例如用拖拉机耕耘时，仅需用马时所要时间之 1/3 或 2/5，耙土时仅需 1/2 即可；又如在同一时间内，牵引式播种机（Tractor-drawn Seed-drill）能播种 70 至 80 英亩，而马牵引播种机（Horse-drill）则仅能播种 10 至 15 英亩。

由上所述，拖拉机及联合收割机之减少生产费，并增进劳力之效率，其效果伟大，可以想见矣。且农业上因有此等大机械之发明，遂生种种之影响，即从前新开国所谓处女土壤（Vilgin Soil）者，所在多有，今则得大机械之援助，其大部分已成耕地，故世界农业生产大增，Malthus 之人口论所引以为忧者，至此已证明其不确。且农业之机械化，惹起世界旧开国与新开国间农业之竞争，一面促进农业技术之发达与农业组织之变迁，一面增加农民离村之速度，并诱致农业政策之改革，故农业之机械化，可称为农业之产业革命（Industrial Revolution in Agriculture）。

然而农业之机械化，非能随时随地，因应咸宜也。欲励行农业之机械化，非先扩充农场面积不可。据美国之多数试验报告，欲使拖拉机之效率充分发挥，至少须有 100 英亩之耕地面积；若使用联合收割机而求其有利，至少须有 400 英亩之土地；故使用此等大机械以大减生产费，惟大农场能之，中小农场虽使用之，不惟不能大减生产费，且因购入费及修缮费之不可缺，反使生产费增高。近欧洲诸国（除苏俄外）新式农具之使用，虽已加多，而如拖拉机及联合收割机之大机械，使用之者尚鲜，亦以欧洲农场面积较小，农业组织多为混同农（Mixed Farming）故也。中国各省农场，大都区划狭小，畦畔纷歧，一家之田，又散在诸方，不相统一，其不能使用大机械，可无俟言，即使耕地之整理与土地之交换，得以实行，而现在农村已患劳力之过剩，一旦使用大机械，因此所节省之劳力，将安所用之？假定中国商工业足以容受农村之过剩人口，犹可说也，而就最近将来观察之，商工业即逐渐发展，亦恐无吸收多数农业人口之能力。所以在今日而谈农业机械化，颇有海上神山之感！然则中国农业将听命于累世相传笨拙无伦之农具，长以终古而不变乎？是又不可。世界农业之将来，不论其为社会化（Socialization）或资本主义化，而机械化之趋势，当与年俱进。现在中国农业，固不能如新开国之机械化，而西北诸省，旷土甚多，平原绵衍之处，亦复不少，政府及民间方提倡"西北开发"，其意甚善；然若招募无数之农民，使用拙劣之农具，以开辟面积广大之土地，恐有河清难俟之感。倘能一面兴办水利，一面购入大机械，速行垦殖，则不出数年，西北荒地当变为可耕之土，其余诸省，如北方平原气候及地势最适于大机械之使用，倘土地之整理与交换，能见诸实行，由政府指导农民，组织集团农场（Collective Farms）或合作农场，贷以相当资金，俾购入大机械，以谋耕耘及收获之便利，而以其所节省之劳力，从事农村副业，如是则农家经济状况当大可改良。至如中部及南部诸省，小农较多，佃种盛行，水田面积亦复不少，欲求大机械之使用，当极感困难，此则应当别论耳。

以上所述，就大机械之使用而论之耳，至简便之新式农具或机械，则中国不论何地，应逐渐推广，以减少劳力之浪费，令转用其劳力之一部于副业，并可留扩充面积之余裕，是一举而两得也。

要而论之，中国农业之机械化，目前固不能一蹴而就，而将来必成为一种之重大问题，此则吾人应预为注意者也。

第十章　农业金融

第一节　农业金融之意义及种类

今日之经济组织，不论何种事业，欲经营之，须有相当资本，即如苏俄，本为社会主义之国，近亦知资本为振兴产业之要素，因施行新经济政策，一变其对于资本之态度，其余文明各国，更可推知矣。顾资本在普通之时，概以金钱或为其代用之支票等表示之，实业界通常所称为资金者是也。经营者以自己所畜之资财，用为资金者，虽亦有之，然此为少数，普通以自他方借入者为多；即用自己之资金，经营产业时，其不足部分，亦须仰融通于他方，而就拥有资金者论之，与其置而不用，不若贷之需求资金之人，借得利息，较为有利。如此融通资金之作用，曰金融。

农业金融，皆借信用行之，欲说明农业金融之种类，就农业信用上区别之可也。信用之定义颇多，然皆微有异同，据 Adolf Wagner 之说，信用为一种之私人经济的交换（即私人间以自由意志所为之经济的物件之授受），当事者之一人，对于他之一人，信任其将来偿还之保证而为之也。质言之，信用者，信将来偿还之保证，以自由意志为经济的物件之授受也。此定义颇为学者所宗，至农业上所称之信用，其性质与前所述者同，惟其应用之方法，稍有所异耳。

农业信用，得因种种之标准，类分之，述之如下：

（1）自其使用之目的论之，可分为二，即土地信用及营业信用是也。土地信用，更分而为二，一为获得不动产（如土地建筑物等）而用之者，一用以改良土地者，前者曰所有信用，后者曰改良信用。所有信用，又分而为二，用以购置土地者，曰购置信用，用以偿还相续分者，曰世袭偿还信用（Erbarbfmdungskredit）。营业信用，即农业经营上所行之信用，有用以补充经常费者，有用以救济一时之灾害者，前者曰狭义之营业信用，后者曰救济信用。

（2）自信用成立之基础论之，农业信用，又得分为二，即①对物信用，②对人信用是也。对物信用，又分为不动产与动产信用，前者即以不动产为抵当品之信用，后者即以动产为担保品之信用。农业所行之对物信用，概为不动产信用，动产信用，行之颇鲜。对人信用，全系于债务者之信义，然亦有要保证人者，有不要保证人者，前者曰保证信用，后者曰非保证信用。农业上所行之对人信用，概为保证信用，所谓营业信用者，多依此法行之，然其信用薄弱时，虽营业信用，亦有不得不依对物信用。

（3）自偿还时期及偿还情状论之，农业信用，又得分为短期信用与长期信用，及通告的信用与非通告的信用。通告的信用，谓有一定之期限，或自债权者，得通告偿还之期限；非通告的信用，谓自债权者，不得通告偿还之期限也。所谓土地信用者，不问其为所有信用，或改良信用，以长期为宜，尤以非通告为贵；营业信用，虽可为短期或通告的，然其所约定之期限，或通告的时间，不可不与农业之性质相一致。

（4）自使用信用之结果论之，农业信用，又得分为生产的信用与消费的信用。前者即依信用所得之资金，须为生产使用之，而自此生产所得之收益，又须足偿其所使用之资金；若不用之于生产事业，是即所谓消费的信用也。然此二者之区别，往往有相混者，例如救济的信用，可称为消费的信用，而征之实际，亦可为生产的信用，盖依此信用，始得恢复营业，履行债务也。生产的信用之使用，苟逸出于预定目的以外，或误其使用之方法，亦当流为消费的信用，例如土地改良，不奏其效，已失其生产信用之性质。故生产的信用及消费的信用之区别，须详察其资金使用之结果而定之。

第二节　农业金融之特色

农业金融之特色有三，述之如下：

（1）宜于长期

投于农业之资金，比之商业资金，收回较难，若强责其于短期间收回之，则资金融通之效果全无，虽农业金融亦有不要长期者，而普通以长期为宜。例如为奖励自耕农计，贷低利资金于佃户，俾其购入农地，佃户自获得土地所有权后，每年收入所增加者惟佃租，以此增加额，偿还其购入土地之费，非亘于长期不可，故欲达自耕农创定之趣旨，须实行长期信用。各国之农业金融，以长期为多者，良有以也。

（2）须为低利

就大体上论之，农业较商工业为薄利，盖农业为助长生物发达之生产，与商工业性质绝异。而生物之发育，要经过相当之时日，即自栽培谷物或蔬菜，自播种至收获间，须有数月，饲养家畜，期间更长，故其生产过程，不能如商工业得以人力敏速处理之，其结果自难免利益之薄。农业金融之利率，固宜较商业金融为低，即比之工业金融，亦须较低者，自然之势也。

（3）较为安全

农业比之商工业较为安全。即就农业金融论之，其大部分为土地抵当之贷付，土地与有价证券异，虽比为资金难，而自其安全之点观之，实罕有其比。故农业金融，虽因长期与低利，运用上或有不便，而于设施或保护，苟得其宜，则在金融上，亦可望其逐渐发展，盖农业之安全及其担保品之确实性有以致之也。

观上所述，亦可知农业金融之特质矣。惟因其有宜于长期之特质，农业金融比之一般金融，遂处于不利之地位。盖商业金融，得利用短期信用，以获资金，而在农业金融，则资金之范围，大有限制，且非别求资源不可。至农业金融，须为低利，更足限定资金之范围，征之各国商业史及银行史，商业金融，早已发达，而农业金融机关成立较迟，发展亦缓，职是故也。故国家对于农业金融，非讲求特别保护之道不可。

今日农业金融上最重大之问题，即农业资金应如何使之丰富是也。农民患资金之缺乏，且为高利所困者，固由于农民信用之薄弱，或农业金融机关之不完全，而其主要原因，实在于农业资金，得之较难，且不润泽，此农业资金之供给所以不可不讲求其道也。

第三节　中国农业金融问题

我国今日，农村疲敝，几达于极度，固宜讲求技术上及经济上之种种方法，以振兴之，而农业金融政策之尤宜实施，可不烦言而解。顾此种政策，应取如何之方针及办法，实有研究之必要，试略论之如下：

（1）农业金融机关须为专门的

农业金融与商业金融，截然两途，即与工业金融，亦有不可镕为一丸之势。征之各国，自英荷银行设立后，世界各国银行，渐以发达，至19世纪后半期，商工勃兴，银行与商工业，如车之两轮，不可顷刻离，即大商工业家，以从银行借入之资金，营较大之生产，所获余利，常贮之银行，银行复利用存款，贷于他之企业家，如此资金借银行流转于商工业界，而用之不穷，银行固因之获利，商工业家，亦非利用银行，不能振兴其事业。而就农业论之，则此种银行，实如风马牛之不相及。盖银行多发达于都会，喜与商工业界交易，而不愿远赴农村，调查农民之信用，以融通资金。即农民欲向银行借款，而非有担保品不可，农民所有物可供担保者，为不动产或动产，然如田园等之不动产信用，非银行所欢迎，盖银行概以存款为资金之源泉，不敢利用之以供长期贷款也。若论动产信用，则银行所愿收受者，为有价证券，而农民所有动产，为农产及农具等，虽以之为担保，必至窒碍难行。况小农非惟无土地之可供抵当，即区区动产，亦且乏之，其于银行，更两不相谋矣。故普通银行，可为商工业之金融机关，而绝不能为农业之金融机关。世界各国银行事业，进步甚速，而卒无裨益于农业金融者，职是故也。

如上所述，可知农业金融与商业金融，须分途行之，即论工业金融，亦有难与农业金融并行不悖之势。盖工业以都会为中心，农业以农村为中心，区域既不相同，性质复相歧异，倘将农业金融机关与工业金融机关合而为一，其结果必至供给资金，厚于工业，而薄于农业，征之各国往事，班班可考。如德国巴燕（Bayern）之不动产抵当银行，据1905年以前之成绩观之，对于农地之贷金，不及都市宅地之1/4，此外之不动产抵当银行，其供给资金于农村者，较此更少。亦可知此种不动产银行，非专以农民之利益为主眼，而但求金融业之发达矣。征之法国，其弊亦同，据日本财政部之调查，法国不动产银行，对于不动产之贷金中，市街地占80％，而其对于市街地贷金中，巴黎之不动产占60％。日本劝业银行成立之初，贷与资金，农工并重，而其后卒倾向于工业，对于农地之贷金，渐以减少。由此等事实观之，不动产银行，苟非专为农业金融之机关，或其贷与资金之范围，不以法律明定之，则其结果，必重工业而轻农业。故国家苟以农业之改良进步为目的，而创设金融机关，宜别立农业银行，专司农业金融之事，如德国之农业中央银行及土地改良银行等，美国之联邦土地银行，法国之农业信用金库，其法皆足师也。

我国劝业银行条例，久已颁布，窥其立法之本意，似采用法日制度，而迄今未实行，近北平虽有劝业银行，而其实际为商业银行。就令从新改组，遵照条例而行，已难压吾人之希望。而曩年北京政府，乃有农商银行之设立，循名责实，谬孰甚焉。盖农业金融与工业金融合而为一，已恐其蹈各国私立不动产银行之流弊，今乃将凿枘不相人之农业信用与商业信用，混而同之，此种机关，实于农业金融，绝无裨益，非速行改造不可。至农工银行条例，民国4年，业已公布，按其条例，亦以融通资金振兴工业为宗旨，放款范围，以供下列各项之用者为限，即①垦荒耕作，②水利林业，③购办籽种肥料及各项农工业原料，④农工生产之运输屯积，⑤购办或修理农工业用器械及牲畜，⑥修造农工业用房屋，⑦购办牲畜，修造牧场，⑧购办渔业蚕业种子及各种器具，⑨其他农工各种兴作改良等事，其他各条所规定，虽不免有缺点，而大体上尚为妥善，遵此条例而设立之银行，宜可为农业界开融通资金之门矣。乃观之现已设立之农工银行，如京兆大宛农工银行，京兆通县昌平农工银行，吉林宁安农工银行，杭县农工银行，其章程亦依据条例定之，而其营业实以放款商家为多，工业界且不能沾其实惠，农业界更无论矣。此固非全由于制度之不良，实主持其事者之过也。然以吾观之，此等农工银行之营业，纵遵照条例而行，其流弊亦不能免，盖工业与商业之关系，较为密切，阳绪工业振兴之名，阴行商业交易之实，巧猾者类能为之也。是故我国今日欲创立真正之农业金融机关，非特设专门的农业银行不可。近江苏筹办农民银行，浙江亦有此议，诚我国农业金融界之一转机也。

（2）农业银行须为国立或公立

农业银行，应为专门的，上既述之矣。顾设立之者，宜于公共团体或私人团体，亦有应加研究者。现在世界各国，著名之农业金融机关，大抵为非营利的，而其最高之中央机关，概为国立的，或取国立银行之主义，如德国之普鲁士产业合作社中央金库，其形式及实质，均实现国立主义，最近设立之农业中央银行，亦为国立银行，他如土地信用金库及土地改良银行，均为公立机关。法国之相互农业金融制度，有农业信用局，为其中枢，司资金分配之事，是亦为国立机关。美国之农业金融制度，近亦倾向于国立银行主义，如联邦农地贷付制度，虽为相互的组织，而其中央设联邦农地贷付局，以总辖其事务，且负责任，殆与国立银行无异，至联邦农业短期信用银行，亦为美国政府所设立。更征之英国政府，依1923年之农业信用法（Agricultural Credit Act），认可农业信用合作社，更于农务部内，置农业信用会计（Agricultural Credit Account），以为政府机关，俾司农业信用之事，至俄国之农业金融制度，应取国立主义，更无论矣。如此各国最近之趋势，皆以农业金融机关为国立或公立，可见私立之不动产信用机关，已不适于农业金融上之要求矣。顾其故果安在耶？一言以蔽之，曰：农业金融机关，不宜以营利为目的也。私立之不动产银行，虽非无以公益为重者，而其组织，既系合股而成，必先顾全股东之利益，而不能弃其营利主义，因之放款能力，纵甚充裕，亦惟择便于营利之途，而行贷借，欲望其无偏无倚，普及全国，盖亦难矣。例如法国之不动产银行，日本之劝业银行，其业务范围，非不广大，而以其不脱营利主义，置重于多额贷款，卒酿成厚于都市薄于农村之弊。德国之私立不动产银行，虽其初于法定范围内，得以自由设立，进步甚速，而亦惟利是趋，有轻视农业之势，其明证也。

从前北京政府，对于农业金融政策，实采用私立银行制度。查农工条例第一条，定农工银行为股份有限公司，其立法之意，昭然可见。惟其开办之初，招股非易，先由官厅筹拨若干，以便开办，如亦兆大宛农工银行，由财政部筹 10 万元，以为官股，余由商股招足，是为官商合办之银行。京兆通县昌平农工银行，则定实本为 20 万元，商股未招足以前，先由财政部及京兆财政分厅合垫 10 万元，开始营业，俟陆续招有商股，由银行酌量情形，将官股次第售于人民。杭县农工银行试办章程之第四条，与此略同。在当时政府，以为国库财力有限，商股可源源而来，欲求银行资本之丰，不得不仰给于商股，其意固未可厚非，然亦思认购股票者，果何为耶？亦惟冀股利之多而已。银行既招入商股，势不能漠视股东之利益，而营业上法定之范围，遂以逾越，官厅又放任之，不予监督，农工银行，卒变为商业银行矣。外国私立不动产银行之弊，在偏重都市，然尚未忘其本来之目的，中国农工银行，则并其设立为主旨，而亦荡然无存，此固由于总理其事者之惟利是图，非尽为制度之不善，亦足见营利主义之银行，不适于农业金融矣。是故我国今日欲创设农业银行，非排除营利主义，采用国立或公立制度不可。今宜仿美国联邦农地贷付法，令各省皆设农业银行，为农民谋资金之融通，中央设一农业银行管理局，以总其成，而各县则广立农业合作社，俾其立于农民与农业银行之间，司借贷之事，以期脉络相通，首尾相应，而其要尤在以农民之利益为主眼，而不蹈营利机关之积习，如是行之，庶农业金融之真正目的，可以贯彻矣。

或谓国家虽有创设金融机关以保护农民之义务，然以之为国家之独占事业，使民间不得自由辟金融之道，亦非所宜。且国立或公立之银行，其资金由国家供给之，故其营业之范围，不免为财政所限，而私立银行，则应其必要，伸缩自由，故得充分为农业金融之供给，此说亦持之有故；然如前所述，农业金融机关，非专以公益为主眼者，绝难望其为有利农民之举，即使私立银行制度，与国立或公立制度，可以并行不悖，而在今日之我国，亦难实施，盖现在金融市场，资源既乏，利率又高，虽在商工界，亦患资金之不足，若以筹办农业银行之名，招集商股，恐鲜有起而应之者，欲求如日本劝业银行之营业发达，且不可得，遑论德国之土地抵当银行及法国之不动产银行耶！何则？德法日三国之金融市场情形，胜于我国远甚也。故在将来经济活动之时，农业银行，或可兼采私立制度，而就现在论之，要以国立或公立为最宜，若以财政疲困，势难兼顾为虑，是则在政府对于农业改良及农村振兴之决心如何耳。苟有决心，即巨款亦不难筹措也。

由上所述，我国之农业银行，须为专门的，且须为国立或公立，可以知矣。愿农业银行之主要业务，应如何规定之，亦为亟宜研究之问题，兹先就放款略论之。

（一）放款范围

农业银行，既为专门的，则放款应以经营农业者为限。至放款之用途，尤宜严为规定，以防冒滋之弊。盖农业银行，原以供给资金，促进农业之改良发达为目的，故其放款，应注重于生产信用，并须择其确实且有益者行之；至消费信用，务宜避而勿采。盖农民借入资金，若用之于生产方面，则其所投资金，有再生资金之望，非惟农业生产，可借以增加，即偿还债务，亦较容易。否则，用之于消费方面，欲求其按期偿还，实为至难，势必至利息之外，复加利息，债台高筑，与年俱增，其以田园为抵押品者，终当丧失其土地，虽银行方面，或无损失，而究非爱护农民之本旨。若不用抵押而得借款者，遇此种事情，则银行与个人两方，均穷于应付。是故放款之用途，以置重生产信用为最善。或谓农家常有不时之灾害，农业银行，亦宜酌量放款，以资救济，此说实未明农业信用之原则。如前所述，农民借其信用，借入奖金，须以再生资金为前提，若投资金于不生产之地，其偿还终不可能，有土地者，必至于破产。故欲救济农民之灾害，宜别设农业保险制度，以防于未然，不得将保险制度与信用制度，混而同之。盖灾害之救济，依保险行之，生产资金之借贷，依信用行之，应截为两途也。德国之土地金融协会及土地改良银行，美国之联邦土地银行，其放款之用途，皆加以制限，其意良足师法，我国从前农工银行之名不副实，原因固不止一端，而其不问用途之如何，滥行放款，实为主要原因。今既欲创设农业银行，俾农民得沾实惠，首宜革除积弊，确定方针，放款之用途，应注重农业生产方面，而不可再入歧途，荒其本务，此诚最要之图也。

（二）放款期限

农业信用，以长期为原则，此为从前诸学者所主张。惟如购买肥料蚕种及其他种子等所投资本，得于 6 个月或 1 年内回收之，故短期信用，亦宜兼行之。又如购买家畜，农具及苗木等，不能利用短期信用，亦不要采用长期信用，恰位于此二者之中间，所谓中间信用或中期信用（Intermediate Credit）者是也。我国农业银行放款之期限，应如何规定之，此亦为极重要之问题，试进论之。

前北京财政部拟订农工银行条例呈文中有云："查各国农工银行放款期限，有分摊 30 年以内归还者，有定期 5 年以内归还者，我国银行习惯，实业状况，概与各国不同，为恐期限过长，流弊滋多，兹酌以 5 年 3 年 1 年为度，以合国情，而杜弊端"等语。此说似是而实非，谓银行习惯与各国不同，事或有之；但农工银行之特质，与普通银行，本大悬殊，而欲依普通银行之习惯，定农工银行之放款期限，根本上实为错误。至谓期限过长，流弊滋多，亦不免语及含混，盖在资本不丰之农业银行，专重长期信用，固有资金固定之虑，而在农民借款，宜于长期信用者，必责其于 5 年内清偿，殊非所宜。且查农工银行条例第九条所定之放款用途，亦与放款期限，多相矛盾；例如为垦荒耕作及水利林业而借款者，欲求其于 5 年以内偿还，势不可能，即强令其偿还，借款者非别借新债不可，如是利息必增高，或利息复加利息，年复一年，借款者必至破产而后已，是决非奖励开垦或推广水利及森林事业之本旨。即如因购办牲畜及修造牲场而借款者，亦难于短年月间，清偿债务。故放款期限，宜视其用途之如何而决定之。其有宜于长期信用者，应别为规定，以求其当，决不可执一律以总之。至如通常农业经营所需之资金，以利用中期信用为较善，故欲望农业之改良进步，此种信用，宜提倡之。近法国、美国及德国，对于中期信用，极主张其必要，且已着手实行，如法国之农业信用局，1924 年末，贷出资金中，中期信用达于 6 000 万佛郎余，美国之联邦农业短期银行，1925 年末，贷出资金有 7 700 万美金，其明证也。至如短期信用，亦应视借款者之用途如何而定之。是故农业银行对于长期信用及中期信用。均宜斟酌事情，适宜规定之。

农业信用上担保品之有无及其种类，又因放款期限而殊，例如短期信用，至长不越一年，故可行对人信用，如信用合作社之短期信用，概依对人信用是也。中期信用，长者亘于七八年，通常为五年内外，宜视借款者信用程度之如何，行对人信用或保证信用或动产信用。至长期信用短者十年内外，长则亘于数十年，其期间内，经济上之变迁，不能预料，故多行不动产信用，盖土地变动最少故也。如此担保品之有无及种类，因放款期限而殊，故欲确定我国之长业金融制度，宜审察其信用种类与放款期限之关系，而善定之。即短期信用机关中期信用机关及长期信用机关，应以分立为较宜；若于同一之信用机关并行之，须明定其资金之分野及比例，方无顾此失彼之虞，此亦宜注意之一点也。

（三）放款金额

农业银行之放款金额，应视信用之种类如何酌定之。在行对人信用时，宜审察借款者之信用程度，定其金额之多少，而用途之确实与否，及其人之技能如何，亦当考虑及之。行对物信用时，固须注重于物的要素，而放款亦有制限，例如不动产信用，惟不动产价格与放款金额相抵而有余时，始为有效，若不动产仅足充放款金额之一部，则不得称为完全之对物信用，欲知不动产价格放款金额相抵否？不得惟借主之言是凭，须由银行将其抵当物鉴定之评价之，且须准评定价格，限制其放款金额，如是不惟保银行营业之安全，亦即所以轻农民之负债也。Golte 谓中产之农，为非通告的信用时，其负债额虽达于收益价格之 3/5 或 2/3 亦可，若为通告的信用时，则不可超其1/2。然如勤俭自持，且饶有资产者，其负债额虽遥超于此限度亦可。若负债已多者则非遥在此限度以下不可。Gonrad 谓除特别事情外，负债之安全，以地价之 2/3 至 3/4 为度。Buchenberger 谓大农及中农之负债，不可超于公定地价之 70％，小农之负债，不可超于30％，由此等学说观之，亦可知农民负债，要有一定之限度，非可漫然利用不动产信用，以自招危险，而在银行放款者，亦决不可徇借主之请求，而益重其负担也。是以各国不动产银行或土地银行，对于抵当品之放款，皆加以限制，如德国土地金融协会，从前以鉴定价格 1/2 为度，今殆达于2/3，美国联邦土地银行及法国不动产银行，均以鉴定价格 1/2 为限是也。我国农工银行条例第十二条云，农工银行之放款，其数目不得逾银行估定抵押品价格总额 2/3，似较美法为多。就现在中国而论，不动产信用，尚未发达，应以参照美法所规定者为较宜。

　　银行对于不动产抵当之放款金额，约占鉴定价格之若干分，各国概以法律规定之。惟不动产之评价方法如何，亦为应行研究之一问题。盖不动产之评价如何，足以左右放款金额之多少及债券发行额之增减，对于借款者债券所有者及银行自身，皆有重要之关系。故不动产之评价，非力求其至当不可。然则评价之标准应若何？①买卖价格，②收益价格是也。收益价格，为买卖价格之基础，比之买卖价格为正确。惟有时高于买卖价格或低于买卖价格，故两者虽有密切关系，而尚不能一致。若收益价格低于买卖价格，而以之为标准放款时，则银行增加其放款数。且收益价格，又因其所取为标准之利率高低，而有变迁，即利率为 4％时，乘 25 于不动产所生之收益即可。若利率增高而为 5％，则不动产之价格，仅为收益之 20倍，利率下落而为 3％，则不动产价格升至 33.33 倍，故专以收益价格为标准，似失之疏，然若专以买卖价格为标准，则买卖价格，亦依一般经济界之状况如何，而大有异同。故于此二者中，仅执其一，以为评价之标准，殊非所宜。倘斟酌此二者间，以其平均数为标准，当无大误，而于长期信用时，尤宜慎重处之。

（四）放款利率

农民银行放款之利率如何，与债务者有极密切之关系。今设有土地一区，每年可得纯收益 300 元，而以此为抵押借款，若利率为 3%，则其纯收益足抵对于 1 000 元资金之利息，利率为 4%，则其纯收益仅得充 7 500 元之利息。故利率低时较之利率高时，虽借款额较多，而利息不难清缴，利率高时，则借款数目愈大，利息之交纳愈难，倘一次逾期，利息将加入本金，更增利息，循是以往，非惟本不能还，利亦难偿，其结果必至破产而后已。故放款利率之高低，在借款者，实有绝大关系。农民银行，苟以农民之利益为主眼，放款利率，务求其低，可无俟言。如美国联邦土地银行，定贷付利率，不得过于 6%，诚得其道也。我国普通金融市场之利率，较欧美诸国及日本遥高，至于农村，相距益远，私人借贷，利率更大，常有达于 50% 以上者，即如当铺为农民融通资金之一途，而期限短者为六月，长亦不过两年，利率在 30% 上者不鲜，此等机关，仅足充剜肉补疮之用，其无利于农民，可断言也。是故我国如设立农民银行，宜明定利率之最高限，俾经理放款者，不至惟利是图，倘法律上不便规定，亦宜于可能范围内，力求其低，盖不如是，不足使农民享受融通资金之实惠也。

农业银行放款上应注意之点，大抵如上所述，兹就债券之发生略论之。

不动产银行，既须贷出低利长期之资金，自应请求资金吸收之方法，以济其穷。发行债券，即吸收资金之惟一良策也。我国农工银行条例，亦有债券发行之规定，而各地方农工银行，至今鲜有发行债券者，其故果安在耶！盖由于银行不按照定章营业，且间为投机的贸易，其信用日低，已失其发行债券之资格。而近年以来，各种公债之价格，腾跌无常，信用愈下，人民对于公债之观念，益以浅薄，纵发行债券，谁复购之乎？此我国农工银行所以不能借债券以吸收资金也。然此纯系银行自身之信用问题，征之欧洲诸国，不动产银行之债券，其信用殆与政府所发行之公债相等，诸学者且以债券之利率，为其国之标准利率，资本家亦乐于投资。故债券之能否流通，全视银行自身之信用如何。我国将来各省，果广设农业银行，能循名责实，以巩固其基础，则设立数年后，其信用自蒸蒸日上，吾知债券之发行，决非难事也。顾债券应如何发行，此亦为一问题，试说明之如下。

1. 债券发行之制限及保证

对于不动产抵当之放款，其期限须为长期，而借款者用以投资于农业所得收益，亦为渐次的，故为借款者之便利计，多采用分年偿还法。因之用于此种放款之资金，不可以与之相应，而债券为吸收如此资金之良法，故须属于长期信用。然发行债券，若一任银行之自由，而不加以制限，则银行将滥发债券，终至失坠债券之信用，俾农业所必要之长期的资金，反杜绝其供给之途，故债券之发行，必加以制限。征之各国债券发行之制限，普通以银行之资本金额为标准，或以债券之抵当品为标准，或兼以此二者为标准。如德国之土地金融协会（Landschaft），定债券之流通金额，不得超过贷付金额；不动产抵当银行，定债券发行之限度，为已缴资本金及公积金合计之 15 倍。法国不动产银行，债券之发行额，以公定资本之25 倍为限，并不许超过贷付金额。美国联邦土地银行，债券发行额，以资本金公积金及剩余金合计之 20 倍为限，并须视其所提出担保品之价额而定之。日本劝业债券之发行，不得过已缴资本金额之 10 倍，并不得逾分年偿还之贷付总额，其明证也。从事实上或法律上论之，债券之发行，概借不动产之抵当权保证之，似不要受资本金额之限制，惟银行之资本金，亦为对于债务之保证，故于不动产抵当权之外，再以资本金额为制限之标准，其确实之度，益以增进。然债券之发行额，得为资本金之数倍，或 10 倍以上，实为不动产银行之一特权。盖在商法，普通公司之债券，不得超过已缴之资本金额，其制限极严，而不动产银行之债券，得发行至资本金额之数倍或 10 倍以上者，即比之普通公司可多发行数倍或 10 倍以上之债券也。然债券发行之基础，仍当置重于为其担保之不动产，债券之确实与否，一在乎其抵当品之如何，故债券不可超过为其担保之抵当权，如日本劝业债券之发行，不得超过分年偿还法之贷付总额，即是此义。盖依分年偿还法之贷付，虽非悉为不动产抵当，而其大部分，必属于此，故分年偿还法之贷款，其背后常有不动产抵当权之存在。我国农工条例，定债券总额，不得逾放款总数，并不得超过已缴资本之 2 倍，较之各国制限更严，在试办期间，洵得其当。而我国农工银行，至今未得行使债券发行之特权者，即如前所述，由于银行自身之信用不高为致，此固非制度之罪也。我国将来设立农业银行，果能供给土地改良之资金，则非采用不动产信用不可，而又非发行价券以吸收资金不可。债券之发行额，倘能参照各国不动产银行之成例，衡以本国情形而定之，未有不可流通者也。

2. 债券之利率

农业银行，既发行债券，应附加相当之利息，固不俟言。至其利率之高低，则视国民经济之状态及债券发行时之金融市场状况而殊。然银行果能以确实之抵当权为基础，严限其发行额，且加以种种注意，维持其信用，则债券之利率，虽与政府公债之利率无大异，亦得发行之。如德国不动产银行之债券利率，普通为 3% 至 4.5%，其中 3.5% 最多。即如日本之劝业债券利率，大约 4.5% 至 6%；农工债券，亦得以 5% 至 7% 之利率募集之。我国将来发行债券，其利率固难如德国之低，而办法苟得其宜，当可与日本之利率无大殊，要在银行自身之努力耳。

3. 债券之额面金额

债券之额面金额，以小为宜，盖便于吸收社会中流以下之贮蓄金也。若债券之信用益厚，可为投资之目的物时，亦可发行额面较大之债券，俾易为资本家所购。又债券以无记名式为宜，此亦使债券易于流通之意。我国农工银行条例，定债券最低金额为 5 元，且为无记名式，但因应募者或所有者之请求，得改为记名式，亦仿外国成例而行之者也。

4. 债券之偿还

银行既一旦发行债券，当计及偿还之方法。而债券本来之性质，属于长期，若确定其期限，大约为 30 年乃至 50 年。惟期限过长，转恐阻债券之流通，不能达发行之目的，故债券概定相当之停还年限，与偿还之最长期，而于其间，以抽签法行之。例如日本劝业债券之停还年限，为五年以内，偿还期限为经过停还年限后 50 年以内，而抽签每年至少二回行之，其偿还之金额，以分年偿还贷付之偿还额为准。我国农工银行条例，定每年偿还债券数目，不得少于该年内收回放款之总额，即此意也。

观上所述，凡农业银行放款及发行债券应注意之事项，可以了然，审乎此，于办理农业银行之要纲，已得之矣。惟农业金融，固须借农业银行为主要之活动机关，而若专借此以完其效用，恐势有所难能。现在我国农业资金缺乏之主因，固在于各种产业资金之不足，而农村资金年年为都市所吸收，亦为其重要原因之一。都市之商工资金，得依商工业之经营，益增殖之，且自农村流入都市之资金，亦可转用之于商工业。而在农村，既不能利用都市之资金，其自己所增益之资金，又为都市所侵掠，无怪乎农村日趋于穷困也。推原其故，由于农村之资财，以种种名义，输入于都市，其最主要者，为国税或地方税之缴纳。我国财政棼乱，岁入之数，颇难确计，而征之民国 2 年及民国 3 年之经常岁入预算表，田赋占经常岁入之主要部分，此中自农村流出者，当属不鲜。他如农业银行之存款，商工业公司股票之购买，农民子弟学费之寄送，皆足开农村资金流出之途。虽我国现在此种现象较诸外国为微，而将来商工勃兴，交通发达，青年思想，又复增高，则农村之流出资金，必与年俱进。故从根本上为农业金融计，最要之道，在使农村所增殖之资金，仍用之于农业，而不令其流入都市，其已为都市所吸收者，亦为之请求方法，俾复归于农村，如广设信用合作社，令农民之薄有资产者，不用其余财于他途，而储之信用合作社，以资流转，是亦防农村资金流出之一道也。至政府从农业上所征收之租税，尤宜划出一部，为土地改良及农村建设事业之用，借副资金还元之趣旨。如是则农村资金，渐次充实，农业上一切设施，可循序而进，农村问题，于以解决，而民生主义，乃能贯彻矣。

第十一章　农业关税

第一节　关税之意义及种类

欲研究农业关税之得失，宜先知关税之性质，兹特略述之，以明关于关税之概念。

关税（Customs）云者，谓于一定之境界线，课于出入货物之税也。此种境界线，普通称为关税线（Zollinien）。关于关税之意义，诸学者颇异其说，而得分为广义与狭义之二种：从狭义解释之者，谓关税为课于通过国境之货物之租税；从广义解释之者，则谓关税为通过国境及其他境界线之货物之租税，此二者中，以后者为较当。

今日所谓关税者，概为国境关税（Gienzzolle），而在往时，不论何国，多有内地关税（Bin-nenzolle），即于内地冲要之区，对于出入货物，征收其租税也。内地关税，得别为二，即①通行税（Toll），②入市税（Octroi）是也。

关税称为消费税之一种，亦可称为间接税。

关税之种类颇多，略述如下：

自课税标准区别之，则为从价税与从量税。从价税以货物之价格为标准而课之，从量税以货物之重量容积尺度等一定之数量为标准而课之。自课税之方法区别之，则为输入税（Import Duties）、输出税（Export Duties）及通过税（Transit Duties）。输出入税，即课于输出入货物之税，通过税利则为通过国内更输出他国之货物之税。近世文明各国，通过税已废止之，输出税亦渐归于消灭。而于现代之关税政策有重大关系者，实为输入税。

自课税之目的论之，输入税得分为财政输入税（Revenue Import Duties）及保护输入税（Protective Import Duties）之二种。财政关税，以增加国库收入为目的；保护关税，以保护国内产业为目的。从前关税，多为财政关税，自重商主义勃兴，渐变为保护关税。至 19 世纪，自由贸易主义发达，财政关税复盛行。近世保护贸易主义，虽极隆盛，而因国费膨胀，采取纯然之财政关税者亦不鲜。所谓纯然之财政关税者何？即①课于国内所无之物品或国内无其代用品之物品之输入税，②对于外国品之与国内品同种者，准国内品之消费税额，课其输入税是也。保护关税，因现在保护贸易主义发达，广行之于各国间，实占各国关税之主要部分。保护关税，亦有二种，即①对于外国品之与无消费税之国内品同种或可为其代用品者，课其输入税，②对于外国品之与有消费税之国内品同种或可为其代用品者，课以消费税额以上之输入税是也。

保护关税，自其保护之目的论之，得分为工业保护关税（Industrial Protective Duties）及农业保护关税（Agricultural Protective Duties）之二种。从前保护关税，不论何国，概为保护工业而生，故所谓保护关税者，概指工业关税而言。至 19 世纪中叶，交通机关，日以发达，廉价之美国农产物，滔滔乎流入欧洲市场，农产不胜其竞争，驯至田园芜废，农民贫困，于是前主张自由贸易者，亦一变而主张保护贸易，谓农为国本，农业之保护，最为急务者有之，而农业保护关税，遂以盛行焉。

第二节　近世世界各国关税政策之变迁

近世关税政策，分为二大主义，即自由贸易主义与保护贸易主义是也。自由贸易主义，胚胎于重农学派（Physiocrats），而大放厥词，耸动一世者，为 Adam Smith，其所著《国富论》，说明自由贸易主义，推阐尽致。自此学说出后，英国学者，多附和之，至成一学派，所谓 Smithian School 者是也。法国学者，亦传播其说，遂左右一世之思潮。适其时，欧洲诸国，皆苦于重商主义（Mercantilism）之积弊，自由民权之思想，渐以普及，政治界及经济界，皆生大变动，而自由贸易税，复蜂起于其间，于是对外关系，亦以自由交通为主义。欧洲各国，遂撤废贸易禁止制度（Prohibitive System）废止输出税，减轻输入税，且依通商条约之缔结与最惠国约章（Most Favored-nation Clause）之制定，以确保交通之便利与商业之安全，自由贸易时代，遂以成焉，而为之前驱者，实为英国。

英原为农业国，18 世纪末叶，虽自由贸易说弥漫国内，而尚未至于实行。至 1820 年后，始着手于关税改革，解除绢物之输入禁止及羊毛之输出禁止，且减轻诸种原料品及殖民地产物之税率，英国之贸易制度，始开一新纪元。虽自 1828 年至 1842 年间，除废止羊毛输入税外，关税改革之举，殆全中止，而其后大改革之素因，已构成于此时期。盖自商工业非常进步，工业家及劳动者，均以谷物关税法为不利，而谷物平均关税法（Corn Duty in Sliding Seale），又不能保国内谷价之平衡，而反使之激变，重以选举改正（1832 年），会议中商工业者及劳动之代表者，渐增其数，至有左右国论之势力。Richard Cobdem 及 John Bright 组织反对谷物条例同盟会（Anti-Corn Law League）（1838 年），力攻谷物条例之非，于是谷物条例存废问题，遂为舆论之中心点矣。

英国自古以来，对于谷物民贸易，取干涉主义，其初禁止谷物之输出，而输入则许其自由。继乃变更其政策，自 1554 年至 1677 年间，依谷价之高低，许可输入或输出。至 19 世纪初期，因拿破仑战争，海道梗阻，外国谷物之输入，殆不可能，因之谷价腾贵，未几，而和平恢复，谷物输入之途再开，复徇地主团体之请，改正谷物关税法（1815 年），定谷价非达于一定限度以上，不许谷物之输入，盖欲以防国内谷价之下落也。然其效果，仍未大著。1823 年，乃设定谷物平准关税法，定谷价非达于 72 先令 2 便士以上，不准输入，达于此数后，则视谷价之高低，定输入之税率。至 1826 年，忽逢凶年，谷价暴腾，政府乃暂停谷物条例，1828 年，复改正谷物平准关税法，撤输入禁止之制限，惟随谷价之下落，遽增税率，盖欲借输入税率之增减，使谷价保持平衡，以防农业之衰颓也。然其结果，不惟无保护农业之效，反使谷价变动，以苦农民，于是反对谷物条例者纷起，1842 年改正谷物平准关税法，减轻输入税，然其后谷价益腾贵，人民之生活状态，愈陷于困难，而饥荒又相迫而至，爱尔兰平民，几无以自存，政府遂断行谷物条例之废止，仅以记录税之名义课之；而此税法，1869 年，复废止之。于是英国之农业保护关税，遂以废矣。

谷物条例，为英国保护政策之中坚，此条例废止以来，商工立国主义，益以充分发挥之。自 Glandstone 执政，更改革关税制度，举从前所行之保护政策，一扫而空之（1853 年至 1860 年），其输入税目，仅余 41 种，且其目的，不在保护产业，而在国库收入，英遂为完全自由贸易国矣。

与英相先后而采用自由贸易主义者为法国。法国原为自由思想发达之国，革命屡起，经济学者，又力主自由贸易论。而因政治纷乱，关税制度，尚未改革，自拿破仑第三践位，始提出新关税法案于议会，虽为与论所反对，政府复撤回之，而卒变更办法，达其目的，即 1860 年之英法通商条约是也，是时欧洲大陆诸国，亦欲均沾英法自由贸易之利益，遂与英法缔主义相同之通商条约，而此等诸国间，亦互订条约谋共通之利益，于是欧洲全土，不惟轻减其关税，且因通商条约之缔结，与最惠国条款之普及，各国皆得为平等之通商，而自由贸易时代，遂实现矣。

如此欧洲诸国，自由贸易主义勃兴，虽其原因颇多，而 Smith 之自由贸易论，实为其先锋。然至 19 世纪末叶，情势大变，欧洲大陆诸国，复采用保护政策，其所以致此者，固由于时势之变迁，而诸学者间，保护贸易思想之勃兴，实为其主因。保护贸易主义，本发源于重商主义，从前各国政策多采用之，虽因自由贸易主义之广行，暂潜其影，而至 19 世纪中叶，如美国之 Garey，德国之 Muller，Henckel，皆反对 Smith 学派之自由贸易说，迨 Friedrich List，基其历史的研究之结果，发为伟论，极言后进国非取保护政策，实无发展之途，德国学者，多祖述其说，于是保护贸易论，复蔚然而兴。今略述List之保护贸易论之要旨于下：

（一）国宜以力图国民经济之发展为第一要义

现在世界各国，互争雄长，不能视世界为统一经济圈，故各国宜采用国民经济政策，如 Smith 学派所称之国际分业说，非从世界经济上立论，即从个人经济上立论，是漠视国民经济也，国际间若行自由贸易，则甲国之产业勃兴，必至历倒乙国之产业。一国之产业，虽各有适与不适，而其适与不适，非必为固定的，得以人力变更之。若从自由贸易说，以各国现在之发达程度为标准，行国际分业，则现在之农业国，终为农业国，现在之工业国，终为工业国，自国民经济上论之，甚不得其平也。

（二）国民经济当经五种时代而发展

博观古今东西之历史，不论何国，其国民经济之发达，当以①渔猎时代，②牧畜时代，③农业时代，④农工时代，⑤农工商时代之顺序，逐渐变化而来。现在农业时代之国，将来当进为农工国，更进为农业工商国，非有终为农业国之运命也。惟农业时代之国，农产物虽丰富，而尚无可与外国竞争之工业，故宜采用自由贸易主义，自外国输入廉价之工业品，而输出本国有余之农产物。若进而入于农工时代，则宜取保护贸易主义，以保育幼稚之工业。若更进而入于农工商时代，则工业已大发达，不患外国之竞争，且宜输入多量之原料品，而输出制造品，以交换之，此时以再兴自由贸易主义为宜。英国即入于农工商时代，其施行自由贸易制度，诚为得策，而德国今尚在农工时代，非可骤步其后尘也。

（三）国民经济发展之要道不在力谋交换而在亟图增加生产

凡生产虽不外于生产资料与生产力合成之结果，而多数生产中，有以依生产资料为主者，有以依生产力为主者。生产资料，概发于天然，生产力概基于人为；起于热带国与温带国间之天然的国际分业，虽历久不易，而人为的国际分业，则得以人力变更之，今若从 Smith 学派之所说，采用自由贸易制度，虽各国各就其所长，实行分业，可各得最高之交换价值；而在经济尚为幼稚之国，与其贪一时之利益，不若养成其国之生产力，使之发达，以立国家百年之大计。欲达此目的，须采用保护贸易制度；盖后进国欲于自由贸易制度之下，养成其生产力，必不抵先进国之竞争，而为其所压服也。

（四）保护关税宜为养育税

保护税不可超越养育税之范围，若产业育成之目的已达，其产业可与外国竞争，则保护税宜撤回之，否则，保护若越于程度或时期而行之，则使产业之被保护者，享国内市场独占之暴利，且无外国竞争之刺激，其结果必至技术退步，而生产力亦从而就衰矣。

List 盛唱保护贸易政策之必要如此，然一时未克实行。自 List 死，祖述其说者渐多，遂至支配一世之思潮，各国之关税政策因之一变，今试略述德国关税政策之变迁如下：

德国于 19 世纪中叶后，亦曾采用自由贸易政策，其动机固多源于政治问题，而农业党之自由贸易说，亦与有力焉。未几，而情势大变，遂复入于保护贸易时代，其原因概由于政治之变迁与财政之困难，而其农工业非取保护主义，不克维治之者，亦为其一主因。盖是时德国工业虽已向隆盛之域，而与英法诸先进国相较，尚远不逮，故不愿工业品输入，以夺其国内市场之贩路，而农业状态，亦复与前大异，往时农业输出海外，不患他国之竞争，此际则受美国农业之压迫，英国之农产市场悉为其掠夺，国内市场又为俄国农产品侵入，于是农业党不胜沧桑之感，与主张保护贸易论者，互相援应，其势甚盛，时俾斯麦克方执政，见时事日非，遂断行关税改革，即 1879 年之新关税法案是也。此法案虽以保护工业为主，而农业亦加以保护，除必要之原料外，凡精制品半制品食料品等，皆课以输入税，所谓全国生产保护者是也。然德国以此新关税法案，与各国商订通商条约，不惟不为其所容，且招反抗，至起关税战争（Tariff War）。未几而俾斯麦克辞职，Caprive 代为首相（1891 年），采用协约政策，仅于 34 年间，克奏厥功，德国在国际贸易场中之位置，遂日以巩固矣。然德国工业之输出品，虽借通商条约，非常发展，而农业之发达，则不能与之比肩。1892 年后，德国谷价渐落，农业之利益日削，而工业则更隆昌，于是农民争释其相，别国生计，驯至都会膨胀，农村衰微，各地佃农，改就他业，于是地主力攻 Caprive 之妥协政策。虽是时德与各国这通商条约，尚在有效时期，而地主则谓条约期满时，须废弃旧约，以举农业保护之实，因组织地主协会，以为改订条约之后援。德国保守党领袖，亦因其利害关系，与地主协会相提携，组织农业党，以反抗政府，Caprive 遂辞职（1894）年，农业党势日以振。而学者间如 Wagner 一派，亦力言农业保全之必要，谓一国欲为工业国，立于国际贸易场中，须具备三要件：①有原料品与食料品之供给国，②此等供给国，又为自国制造品之需要国，③此等国与自国之交通，不论何时，得确保其安全。今德国尚缺此三要件，故此际宜抑商工偏重之势，以讲农业保全之策云。于是农业保护说，更为舆论所称道。然就他方面观之，则尚有与之反抗者，其议论虽稍有异同，而其大要则谓德国将来之运命在商工，宜减轻关税，以受廉价农产物之供给，更与各国缔结条约，以扩张工业品之贩路，是以条约改订期迫，关税问题，遂为舆论之中心，农业国乎？工业国乎？当时之争议，毕集于斯矣。政府详加讨议，于 1901 年，提出新关税法于帝国议会，此新关税法，殆全采农业党之意见制定之。然农业党犹以为未足，因自党在特别委员会占优势，将原案大加修正，不惟税率增加，且对于重要谷物，设复关税率，拟使政府，不论何时，不得于最低税率协定之。政府卒送修正案于议会，悉准原案可决之，时 1901 年 12 月 14 日也。新关税法较之旧减税法，税率一律增加，而其最足为特色者，即就重要谷物设定复关税率是也。

今试将重要谷物之复关税率与旧关税率，比较之如表 11-1。

表 11-1

种类	旧关税率（每百公斤）		新关税率（每百公斤）	
	固定税率（马克）	协定税率（马克）	最高税率（马克）	最低税率（马克）
小麦	5	3.5	7.5	5.5
黑麦	5	3	7	5
燕麦	2.4	2	7	5
麦酒用大麦	4	2.8	7	5

由是观之，新关税法之最低税率，比之旧关税法之固定税率，沿见其高，亦可知其对于农业之保护，非常优渥矣。此新关税法，惟俄及奥匈诸国所深忌，一时颇难实行，而德国率巧施权术，使之帖然就范，新关税法，遂于 1906 年 3 月实施之矣。

法国 1860 年以来，采用自由贸易主义，而自普法战争告终（1871年），国库告乏，政府遂征收关税，以补充岁入，舆论多赞成之。工业界因外国制造品输入，与年俱增，力言宜采用固定关税主义，实行保护政策；农业界亦以美国农产物侵入日多，谷价大落，农家经济，日陷于困难，极言农业保护之必要。如此政府迫于增税之必要，而民间农工业者，又互相提携，盛唱保护主义，遂制定新关税法（1881 年），并宣言他日政府以新关税率与他国协商时，工业关税，可让步至一定程度，而农业关税，则无妥协之余地，于是农业保护主义，益以昂进。然详绎其原因，亦非无故：盖当是时，法国尚未脱农业国之域，而谷价自新关税法实施后，下落如故，重以一切租税，负担甚重，农民生计，益感困难。以栽培葡萄以养蚕为业者，向主张自由贸易主义，今则内迫于虫害，外困于竞争，遂转入于保护贸易派，从事制糖事业者，又深恐外国砂糖侵入，力言关税宜增征，因是与农业界联为一体，遂于 1885 年之总统选举，保护党大获胜利。是年议会开会，政府首提出关税法之一部改正案，断行重要农产物之增税，上下两院，皆通过之。其关税法虽屡经改正，而农业关税，仍无变迁，即此亦足觇法国保护总之一斑矣。

此外，若俄、若美、若瑞士、若荷兰、若比利时、若意大利，虽一时亦曾受自由贸易论之影响轻减关税，而不久仍采用保护主义，惟其农业关税，鲜有足纪者，不具述。

日本自古以来，以农业立国，与我国历朝之农本主义，殆无轩轾。自明治维新后，输入泰西文明，颇锐意振兴商工业，而尊农之观念稍薄。未几而外国贸易，日益发达，人口增加源源不绝，谷物增收，不足以副之，遂使米麦大豆之输出入，失其平衡，其农产物中，为外国竞争，日就衰颓者颇多，而尤以棉花及叶蓝为著。如此日本农业渐受外国农产物之影响，农民颇以为若，重以租税负担，较前大增，物价腾贵，生计益困，于是轻减地税，休养民力之议以起。而政府困于财政不果行。中日战争后，益增征之。自日俄战争起，国库日绌，复增进地税，且大麦小麦豆类玉蜀黍等之关税，原为从价 5%，加至 15%，米及谷本无税，亦课以从价 15% 之输入税，盖借以博农民之欢心，兼图收入之增加也。然主张农业保护主义者与主张商工立国者，互逞雄辩，相持不下，凡数月，而议会卒协赞之。迨日俄战争告终，米谷输入税，理应废止，而政府则拟改为永远税，主张农业保护论者，复援助之，虽反对者实繁有徒，而议会卒与以可决，然农民党犹以为米谷之输入税过轻，不足以举农业保护之实，适其年（1907 年）谷价下落，农民党遂援为口实，于翌年议会开幕时，发表宣言，力陈农业保护之必要，揆其要旨，约有数端：即①日本农民，多为小地主，而又兼为农业劳动者，与欧美所称为地主者，全异其趣；②日本农民占国民之大多数，而其收益，较工商界是之劳动者遥少，而又专恃农作物为生活，故其市价之高低，大影响于农民生计；③普通物价，比之十余年前，非常腾贵，而米价则依然如故，此全由于外国米之竞争，以致失其均衡；④农民收益既少，而复内课以地租等之重税，外不与以相当之保护，实为施政者之一大失策，若再放任之，农业无论已，经济之发达，亦将为之阻遏；⑤察明治初年以来，米价与社会之关系，米价保相当之价格时，农家无论已，工业界之劳动者及商业界，亦为之繁荣，而米价低廉时，经济界之活动，每因而阻止，不第农民受累已也；⑥由此等事实观之，实行谷类关税之增率，正所以谋农业与国家经济之发达；⑦世之反对农业保护政策者，未知日本农业界与经济界之真相，及其复杂之关系也。众议院议员千田等，据前记之理由，提出谷物输入税增征案，虽论争颇烈，而卒略加修正议决之；不幸为贵族院所反对，未克实行。至明治 43 年，议会复开会，政府再提出关税改正案，求上下两院之协赞，众议院就谷物关税，争端之烈，不让曩昔，农民党主张增征，工商党则望其废弃，其结果卒议决米及谷每百斤征输入关税 1 元（但在凶年，得依勅令，以每百斤税率 6 角 4 分为限度轻减之）而对于他之谷物关税，亦稍增其税率，然贵族院仍反对之，以为此惟图农民之利益，而漠视国民一般之利害，于是两院开协议会，谷物关税，卒从众议院之议决定之，此则日本农业关税经过之大概也。

第三节 农业关税之得失

欲保扩农业，而必借关税政策以行之，盖亦有故。凡生产事业，其所生产之物品，贩卖价格，若在生产费以下，必不能维持其营业，此理最显而易见。矧在农业获利本微，而其生产费又未易减，若农产物之价格低落至于生产费以下，农民虽愚，谁复牺牲其筋力，从事于田畴乎？征之英国往事，可恍然悟矣。况一国之农业，难进而易退，不保护之，势必至江河日下，莫知所止。农业保护之方法，虽不止一端，而关税实为最要。何则？振兴农业之政策，纵极周备，而苟有外国农产物之竞争，非借关税以为之屏藩，则农业必大受其影响。Goltz谓谷物之价值低落至生产费以下与否，不惟农业之盛衰由是而歧，即就国家经济论之，亦为生死之重大问题。此言虽简，亦足表明农业关税之必要矣。顾农业关税，以谷物关税为最重要，谷物关税之效果若何，亦整形人所应研究者也，略论之如下：

反对谷物关税者，谓对于谷物课以输入税，其结果必至食物之价格腾贵，使下级社会感生活之困难。主张谷物关税者，则驳之曰负担关税者，为外国之生产者，非本国之消费者，赋课关税，可分割外国生产者之利益，以充国家收入，而于本国消费者，仍不增其苦痛云。征之事实，此说亦非过论。普鲁士虽旅行谷物关税，而谷价却次第下落（1880年至1888年间），盖谷物关税，非必常来谷价之腾贵也。然就取自由贸易主义之国，与取保护贸易主义之国，比较之，谷价下落之速度，自相悬殊。普鲁士当自由贸易时代，小麦价格殆与英国保同一之比例，而自施行谷物关税后，英国谷价之下落甚急，而普鲁士则不然。由此观之，谷物关税，非必使谷价腾贵，而其预防谷价之急激下落，则甚有效，可以知矣。凡一国之经济，因外界事情，起急激之变化，致使多数之和平者，忽失其收入之途，此最为可危之事。关税之利害如何，固难断言，而于普通之时，欲使国内之多数生产者，不受经济上之急剧变迁，则关税之赋课，实为必要。矧如农业，其进步需时颇久，非能应外界之变化，而即行改良，若不加以保护，则外界事情，变幻无常，农民受急激之迫害，虽欲强为维持，恐无其道，是固农业不幸，亦岂国家及社会之福哉？

反对谷物关税者，又谓谷物关税，足使劳银随谷价而增，故阻害一国工业之发达。此说亦不足取。盖谷物关税，非必使谷价腾贵，即让一步言之，谷价之腾贵，非必惹起劳银之腾贵。欧洲自 19 世纪中叶后，谷价虽非常下落，而劳银则适得其反。故谷价与劳银，非必如论者所云，有密接关系，是谷价腾贵，非必常不利于工业界也。况谷价腾贵，足增加农民之购买力，内地工业品，更得扩张其贩路乎？

反对谷物关税者，又谓农产物之价格腾贵，则地租增高，享其利益者，惟大地主。且地租增加，地价亦从而上升，购买土地者，隐受其损失。故受谷物关税之利益者，惟设定关税时之地主特大。此说似是而实非。土地非皆为佃种地，其供自耕之用者亦不鲜；且农业政策之目的，在奖励自耕农，令耕者各有其田，如是则地主即农民，与地价之高低有利害关系者，非限于不劳而得之地主。况土地非如普通商品，常辗转买卖之，其传诸子孙者居多。谓谷物关税之结果，享其利益者，惟一时之地主，实大误也。

第四节　中国关税制度与农业之关系

我国税关有二，一曰海关，一曰常关。海关为国境税关，自通税互市以来，沿江沿海之商埠，按照条约，陆续设置；常关为内地税关，凡海港及内地水陆之要冲均设关税，此外则有厘金，亦为内地关税之一种。如此我国关税，自国境关税与内地关税而成，税制纷歧，为现在各国所独有。况国境关税，受不平等条约之束缚，历八十余年而不能自由修改，内地关税，则变本加厉，流毒弥甚，无怪乎我国国民经济之萎靡不振也！幸而近年以来，关税自主之声，喧腾于世，裁厘之议亦勃兴，去年①12 月 7 日，国民政府公布海关进口税税则，定于本年②2 月 1 日施行之，此实为关税史上之新纪元，自应额手称庆。惟有未餍吾人之愿望者，①内地关税之未裁撤，②出口税之未撤废，③进口税税则之尚须改正是也。凡此数端，其涉于各方面之影响如何，暂措而勿论，专就农业上观察之，已见其关系之重大，试略论如下：

征之欧洲列国，16 世纪以前，尚不脱都市经济之域，关税制度，亦未统一，各地广设税关，凡出入货物皆征收其税。自入近世，政治上渐归统一，而经济尚各不相谋，故内地关税制度，相沿未改，所谓州关税（Provincial Customs）及地方关税（Local Customs）者，各国多有之，而其弊害最著者为法国，而革新最早者亦为法国。法国自 13 世纪后，内地税关，鳞次栉比，税率又高，世多非之，至 1664 年，政府始下令撤废内地关税，统全国而公布国境关税制度。自是以后，各国多仿而行之。盖内地关税，妨交通之自由，阻产业之发达，从国民经上论之，断无容其存在之理由也。我国常关，凡 50 余处，而其分关及分卡，则指难胜屈。其税则虽以比照海关税则折半征收为标准，而官吏舞弊营私，任意征求者，时有所闻，稍拂其意，辄借端留难，旷废时日。厘金制度，则省自为政，税法纷歧，苛征暴敛，更有甚焉。前北京政府，虽亦知其弊，倡加免厘之议，而卒未实施。近国民政府，拟分期将各省常关裁撤，裁厘尤志在必行，斯固我国关税革新之先鞭也。乃日复一日，未见实行，此固由于财政上之关系，猝难涮除其弊政，然此等内地关税，若不早行豁免，微特商民不胜其诛求，国内贸易未由振兴，即农业发达之机，亦且为之遏抑。何则？我国工业幼稚，制造品之产额，尚属无多，出入各地之土货，率为农业品及其副产物，今乃束缚于种种税制之下，不得自由畅销，非所以奖励生产也。

就海关税论之，其最足妨输出贸易之发达者，实为输出税。征之欧洲

---

① 1933 年——编者注
② 1934 年——编者注

诸国，往时视关税为一种之交通税，输出与输入一律办理，因之输出税与输入税，常为同额。自重商主义（Mercantilism）勃兴，18世纪间，输出税渐归废弃，惟原料品之输出税，尚存在耳。至19世纪中叶，输出税更形减少。盖自国际贸易发达，原料品及食料品，皆为世界市场之重要商品，一国虽限制其输出，不惟世界市场鲜受其影响，且于自国反为不利。故英于1845年，德于1873年，荷兰于1877年，法于1881年，日本于1899年，皆撤废输出税，他如比利时、丹麦、北美合众国，亦莫不然。文明各国中，近尚有输出税者，为俄、意、西班牙、瑞士等，然其输出税税目皆极少。至以输出税为岁入大宗者，惟国民经济尚幼稚之诸国而已，我国即其一也。

考历年海关贸易册，农产物实占输出品之主要部分，我国数十年来，输入超过之势，与年俱增，正货流出，漏卮日甚，而借以挽回利权，稍纾民力者，实惟农场物是赖。即我国今日，在国际贸易上，尚得维持其地位，国民经济亦未至陷于垂绝者，农产物之力也。我国今日苟欲谋对外贸易及国民经济之发达，农产物之输出，方奖励之不遑，而可稍戕之乎？乃观之现行关税制度，米谷麦粟高粱荞麦等，为出口禁止品，其余农产物，除茶最近为免税品外，皆课以出口税，其税率在去年[1]末颁布新税则以前，与进口税略同，是直接妨对外贸易之发达，间接阻农业之进步也。原夫输出税成立之理由，得分为三种，即①收入的输出税（Revenue Export Duties），以国库之收入为目的，②保护的输出税（Protective Export Duties），以保护产业为目的，③社会的输出税（Social Export Duties），以维持一国社会之安宁为目的是也。

我国之征收出口税，出于收入主义，似未可厚非，然究其结果，恐所得不偿其所失。输出税虽亦为间接消费税之一种，得为国库存收入之源泉，然国内消费税，得借输入税以保其均衡，俾本国产品不致为外国产品所压迫。而输出税则与之异，自国对于输出某国之货物，课以输出税，设此货物为自国所独有，则自国成卖者独占（Seller's Monopoly）之地位，

---

① 1933年——编者注

所课输出税，殆归于输入国之负担；若此货物输彼国后，而有彼国自产之货物，或第三国之货物与竞争，则自国既不能向彼国或第三国之货物，课以相等之税，自国货物，当因输出税之赋课，增其负担，处于不利之地位。察今日国际贸易之实况，输出品而可为一国之独占物者，宁有几耶？彼热带殖民地输出于欧洲各国之特产物，虽竞争较少，然尚难称为独占物，矧如我国之重要农产物，有数多劲敌与之竞争，即全废输出税，讲求适当之方法，奖励其输出，犹恐于世界市场中，难占优胜之地位；而今则不惟不扶翼之，而反压抑之，是自缩少其贩路而已。况于输出税以外，厘卡林立，税目繁琐，一种货物所征之税，不知凡几，更足阻对外贸易之发达乎？贪一时之利，忘远大之图，此则可为长太息者也！不观之茶与丝乎？华茶产额之富，甲于全球，即在贸易场中，亦会独步于一时，乃自1838年，印度茶始行输出，其后增加甚速，华茶在英之贩路，遂大为其所蚕食，越至1850年左右，日本茶侵入美国，1873年，锡兰茶现于英国市场，与印度茶相为犄角，以窘逐华茶，而印度锡兰茶，复扩张其贩路于美国，华茶又受其压迫。华茶从前独占世界之制茶市场者，凡200有余年，至是遂渐入于四面楚歌之境。自1896年后，输出额次第减少，虽有时稍有恢复之倾向，而一高一低，确示减退之现象，征之海关贸易册，自易了然。丝亦为我国重要输出品之一，五口通商后，生丝之贸易颇发达，远不必论，就1888年至1897年间之生丝输出额观之，进步甚著，且有秩序，其增加之总平均数为47％，而日本同期间之生丝输出额，仅加1.6％。乃自1901年以来，日本之生丝输出额，逐年大增，而我国则有渐就衰退之势。如此我国之茶与丝，昔曾于世界市场中，占优越之地位，而今则情势变迁，彼我转倒，揆厥原因，固涉多端，而输出税及内地关税之未撤废，实为其主因之一。日本往时丝茶，亦有输出税，而自1897年，毅然撤废之，以奖励其输出。而我国丝之出口税如故，丝茧税更为繁重，茶之出口税虽已豁免，而茶税尚未删除。各省茶税，起源已古，办法互异，或设捐统收，或过卡抽厘，或按引征课，其税率虽因地而殊，要皆失之过重。民国3年10月，税务处呈请减轻茶之出口税，曾经政府认可，令各省遵办。至湘鄂赣皖四省，采办洋庄红茶，以汉口为销场总汇，曩时销数颇巨，后渐衰退。自入民国，更形减少。民国3年，汉口茶叶公所，呈请减轻湘鄂赣皖四省茶时厘，并免各项附捐，财政部分饬四省财厅核复，旋以财政支绌，未能照行。嗣茶业团体，以出口华茶，销场低落，屡请豁免出口税，并减纳内地税捐一半，呼吁数年，始如其请。然各省茶税，仍为繁重，且有时复增益之，是茶之出口税虽免，而内地茶税，皆积习相沿也。丝茧两税，初在常关项下征收，咸同年间，设卡抽厘，始征丝茧厘。迨至近年，各省丝茧，间有离厘金而成独立之税捐者，而其入款，以苏浙为最著。苏省丝茧，前清在厘金项下征收，光复以后，改厘为税，减其税率，旋因公家亏短颇巨，民国3年，更定新章，丝茧税率，又复增加，与前清无大异。浙省丝茧捐，在前清时，运丝捐、用丝捐、干茧及鲜茧捐，皆重于苏，而经丝捐较轻，改革以后，省议会议决轻减之。嗣以税收骤短，复定新章（民国3年），运丝捐与苏略同，而经丝用丝干茧鲜茧各捐，比苏尤重。苏浙为我国茧丝最发达之地方，而丝茧捐名目繁琐，税率又甚奇重。不宁惟是，购茧之道照，运茧之子口税，各省办茧之出口税，出口生丝之子口税，层层剥削，愈演愈奇。循是不变。欲改良蚕业，增加丝蚕生产，以与日本丝角逐于贸易场中，其可得乎？如此我国丝茧，外制于出口税，内困于厘捐；茶虽近已豁免出口税，而其先为各项税捐所压迫，与丝茧同，驯至萎靡不振，竟成驽末。丝茶固向称为输出品之大宗者也，而今且若是；出口税及各项厘捐，若不速行撤废，则农差物之输额，日形减退者，宁止丝茶耶？我国今日对外贸易，殆惟农产物是赖，不设法奖励其输出，而复以税制束缚之，残贼之，其阻害农业之发达，讵浅鲜哉！

更就海关进口税论之，亦多可议之处。从前我国进口税，以税率之低，与税目盼类之简单，为其特质。而税率以从价5％为原则，从量税副之。虽因物价变迁，两次改订税则，而其税率无甚增减，盖我国进口税率，向系协定税率，而非固定税率，未易变更之也。自去冬国民政府公布《海关进口税税则》，其内容较从前之进口税税则，大有进步。然就税率表详加考究，其中尚须改正者，实属不少，从农业政策上观之，更觉其有应行修正之点，试略论之。

　　我国自五口通商后，米谷类及谷粉，为进口免税品，至 1902 年，改正进口税率表，相沿未改。去年颁布之《海关进口税税则》，亦定米谷大麦玉蜀黍小米燕麦小麦及其所成之粉为免税品。此固基于历代尊重民食之意，似非无理，然不察国内外之谷物贸易及生产之实际情形如何，漫然沿用成例，不为未雨绸缪之计，殊有未敢赞同者。征诸欧洲诸国，除一二例外，率对于主要谷物之输入，课以重税，如德法之于小麦大麦燕麦黑麦，各征保护税，其明证也。然犹可谓欧洲诸国，固新开国农产物之激烈竞争，不得不讲自卫之道；若其国农产充裕，足以自给而有余，而谷物关税，似可免除之矣。乃观之美国，自威尔逊关税法（Wilson Tariff）制定后，谷物之大部分及麦粉，皆课从价 20％之输入税，美国农产富饶，谷物输出，为额甚巨，宜可不患外国谷物之竞争，而无庸采用保护政策矣。顾美国卒设谷物关税者，亦以为农业为美国富国之基础，非设法拥护之，不足维持其优势，且更促其进步也，且谷物关税特宜注重者，更有一种理由，谷物为国民之常食，农业即以国民常食之谷物为基础，若国民常食之谷物，不胜外国之竞争，而为其所压服，农业未有不衰颓者也。不观之英国乎？英自 19 世纪中叶后，摘用自由贸易主义，以商工立国，内地农业，为外国之廉价的谷物及肉类所压迫，渐减其收益，因之地价大落，农民之离其田园，赴于工场者，接踵而至，驯至都会膨胀，地方衰微，谷物耕地，逐年缩小。如此英国农业，日益衰颓，而人口增加颇速，故谷物之输入，与年俱增，而以小麦及麦粉最为巨额，其中自外国输入者，约占 80％，自殖民地而来者，仅居其 20％，他如大麦燕麦玉蜀黍蚕豆豚肉牛肉之输入，亦殆全仰之于外国，其来自殖民地者，羊肉之外，其量极少。由是观之，而今英国国民之大部分食料，实仰给于外国，可以知矣。往时英国农业，在欧洲诸国中，固发达较早者也，而今乃若是，亦可见谷物关税之存废，与农业之隆替，其关系至为重大矣。

　　我国前定米谷类及谷粉为进口免税品，设使外国无可与竞争之谷物，犹可说也，而实际上果何如？今试就米论之。考历年海关贸易册，米之进

口，与年俱增，光绪三十二年，米之进口额为 4 688 452 担，民国 4 年为
8 476 058 担，此十年间之增加率为 81.69%；民国 13 年米之进口额为
13 198 054 担，以之与民国 4 年之米进口额相较，则此十年间之增加率为
55.72%；民国 16 年米之进口额为 21 091 586 担，以之与光绪三十二年之
米进口额相较，则其增加率为 350.05%，即于民国 13 年相较，其增加率
亦为 59.89%，即此足觇外米进口增加之甚速矣。我国稻田占耕地之大部
分，米之生产额与印度相伯仲，似应足充国民之需要，而无虞缺乏，即或
不足，其数亦属无多，进口之额，不应增加如是之速，而今既若此，其原
因固不止一端，而外国米之为免税品，得以自由输入，实为其主因。然欲
明外国米与我米竞争之真相，须先知输入米于我国者为何国，此等输入国
米之供给力大小如何，亦应论究之。据海关贸易册所载，输入米于我国
者，以安南、印度、暹罗、朝鲜、日本为最著，至其米之供给力若何，试
分别述之如下：

日本自明治维新后，稻之面积渐增，其对于单位面积之收量，亦逐年
增高。当 1873 年，米之生产额，仅有 2 445 万石，而在现今，已达于
6 000 万石以上，宜无患乎米之缺乏矣。然因其人口激增，国民生活程度
又日高，故米之输入额，与年俱进。1918 年后，更达于巨额，其从我国
台湾及朝鲜移入者，亦复不鲜，以是知日本内地之米，已不足自给，矧其
米价腾贵，近更加甚，其不能与我国米立于竞争之地位，当可无疑。虽日
本米有输入我国者，然此为供给居于我国之日本人及官吏所必需之食品，
非以充我国人之购求也。

……

朝鲜自为日本合并后，……稻之栽培面积，及米之生产额，遂大增
加。自 1908 年至 1918 年间，稻之栽培面积之增加，达于倍数以上，米之
生产增加额为 600 余万石，故米之生产额远超于消费额，得以其剩余，供
给外国及日本内地，数量亦复大增，虽其中以移入日本内地者为最多，而
其输入我国之数，亦上于巨额。且朝鲜未耕之土地，足以栽培水稻者，所
在多有，将来开拓事业，逐渐扩张，米作法更加改良，则米之生产额当大

增，输出额亦应随之而大，其必向我国扩充其贩路，势固然也。

法领印度支那（French Indochina）之米，大别之为二，自交趾支那（Cochinchina）及柬浦寨①（Combodia）产出者，曰西贡米，自东京（Tongking）地方产出者，曰东京米，盖此二者，足为法领印度支那米之代表也。西贡米之生产范围，亘于湄公河流域地方，栽培面积，约 200 余万公顷，据西贡商业会议所之调查，云米生产额，自 1912 年至 1917 年，平均 1 560 余万石，共输出额，几近于千万石。东京地方，亦河流纵横，土质肥沃，稻之栽培面积，约为 100 余万公顷，米之生产额，约为 1 000 万石，其输出额亦不少。就其输出方向而言，西贡米之贩路，亘于东洋诸国及欧洲诸国；东京米则概输出于东洋诸港，中国香港占其大部分，中国北部及云南诸省，亦输入之，虽其输入我国之数量，在输出总额中，尚为少数，然在我国方面观之，已不为少。且交趾支那及柬浦寨沼泽之区，面积甚广，垦为稻田，实非难事，近虽因劳力缺乏，未克实行，而一旦排水工事，次第兴办，稻田面积之增加，当无疑义。如是则西贡米之生产额及输出额，亦必大增，滔滔乎流入我国市场矣（海关贸易册列为安南，实为编纂者之误会，盖安南虽为法领印度支那之一地方，而非其最著名产米之区，我国所称为西贡米者，实系交趾支那及柬浦寨所产，故兹特就法领印度支那全体论述之）。

暹罗之重要物产中，米占其首位。据暹罗农务部之调查，自 1912 年至 1917 年间之平均生产量，为 2 400 余万石。又据日本农林部农务局之调查，1923 年自盘谷输出之米，有 900 余万石。且暹罗未辟之土，面积甚广，农民占人口之 90%，其植稻者约 78%，将来开拓事业，逐渐实施，米之生产量增加，当达于巨额，果若是，则暹罗米输入我国之余地尚多，可预卜也。

印度为世界最著名之米产国，据印度农业统计，稻之栽培面积，1920年左右，约为 8 100 余万英亩，米之生产额，虽因统计未备，难知其确

---

　①　今译柬埔寨，下同。——编者注

数，而综合印度农业统计及其他调查报告，最近之生产额，殆达于 30 000 万石。其输出额虽因年之丰凶，时有增减，而据日本农林部农务局之调查，1922 年，有 2 125 339 吨之多（其大部分为缅甸所产之米，由仰光港输出之），实为世界第一输出国。虽其贩路广及于东洋诸国及欧洲诸国，非以我国为绝大市场，而将来必更向我国扩充其贸易，绝无疑义。且印度之灌溉工事，一旦完成，则米之生产额，亦应激增，而于世界之市场中，将永握其霸权，故印度米实为我国米之劲敌。

要而论之，今日东洋米之产地中，朝鲜、法领印度支那、暹罗及印度，为米之输出国，我国及日本，为米之输入国。据最近世界各国之米输入统计综计之，我国米之输入额，实远超于日本，且在世界米之输入国中，以我国为第一。是我国米之生产虽足与印度相伯仲，而为世界中米之最大消费国，亦为世界中米之最大输入国。米之生产，若不亟谋增加，恐将来米之输入，有增无已，将永为米之最大输入国。而外观诸朝鲜、法领印度支那、暹罗及印度，则如前所述，米之输出力，皆绰有余裕，其必向我国扩充其贩路，不待蓍龟而后知之矣。我国今日米之市场，尚未为外国米所压倒者，亦以米价较诸他国尚为低廉，且交通机关，未甚发达，外国米未深入内地耳。然据上海市政府社会局所编之上海最近五六年米价统计，近来米价已渐上升，万一产米之区，旱涝为虐，连年歉收，则米价必昂贵，外国米将乘虚而入，益以畅销，重以交通机关，近益扩张，外国米且将渐入内地，侵占我国米之贩路，可断言也。我国历代政府，但禁米之输出，以防饥荒，而不知讲求生产政策，俾米之收量，为之增加，舍本逐末，已为失计，而于外国米之进口者，反认为无税品，任其自由输入，是不啻自塞其源，而欲汲人之流，以灌注之也，谬孰甚焉。米固为我国最主要之食物，不容一日或缺，然苟能力图其生产之增加，俾充全国之需要而有余，虽输出之，亦复何害？不此之务，而惟禁米之输出，是值缩小米之贩路，而阻农业之进步也。米之输入，固无容拒绝，然亦宜量定关税，以防其竞争。乃对于本国之米，则桎梏之，束缚之，俾难出国门一步，且各省或各地方间米之流通，亦不自由，而于外国米，则宽以待之，而惟恐其不来。循是以往，防谷之令，纵极森严，而米之生产，恐永无足以独立之时。外国米方将滔滔乎流入国境，而莫知所止，万一我国米不胜其竞争，步英国小麦之后尘，农业前途之惨淡，有不堪设想者矣。

以上所述，第就米论之耳，然已足见关税与农业之关系。更进观小麦及麦粉之历年输入状况，益知此等主要食物，决不可令其为进口免税品，而海关新税，则仍袭用旧章，惑孰甚焉。

更就海关新税则，详察其税率，亦有应行研究者。从前进口税率，系与各国协定之，除免税品外，一切税率，均甚轻微，揆诸产业保护之要旨，实为背道而驰。新税则之进口税率，则从价税与从量税兼用。就从价税观之，至少为 7.5％，其上为 10％，12.5％，15％，17.5％，22.5％，27.5％等，最高为 27.5％，分门别类，按物递增，以视从前之进口税率，概以价税 5％为基础者，已远胜之。然详究其内容，进口物品之适用从量税者，分类既未精密，税则难得其平；其适用从价税者，亦有应行酌改之点。统观新税全体，似仍采财政关税主义，而绝无保护产业之意。我国工业，方始萌芽，亟应借关税政策，以扶植之，故置勿论。即就农业言之，现行进口税率，亦宜亟行修正。我国之重要输入品，概为棉制品、砂糖、金属及矿石、米谷、石油、棉花、棉纱、麦粉、鱼介类及海产物、烟草类、机械、人造蓝、纸、毛织物、小麦、木材、石炭及其他，此等物品中，除金属及矿石、石油、机械、人造蓝、纸及石炭外、全为农产品及其加工品，而观之新税则进口税率，米谷、小麦及麦粉，既为免税品，棉布、棉纱、各种海产品，饲料之税率，为 75％，大豆、山薯、鲜果、子仁、樟木、柚木、洋纱及纱线均为 10％，凡若此类，似失之轻。不观之砂糖乎？我国砂糖产地，向以广东福建为最著，该二省所产之糖，实占全国消费额之 90％。自互市以来，外国糖滔滔流入，糖业大受其压迫，渐就衰微，此固由于外国糖之价廉物美，我们糖不胜其竞争，以致主客异位，然当时苟有高率之进口税，以防御之，亦何致若是之甚耶？我国近年以来，物价腾贵，农家生产费，因以渐高，而人口增加，又复源源不绝，农业经营法，势不得不趋于集约，以更促生产费之增加。重以内地交通，日形便利，我国农产物或其加工品，与外国农产物或其加工品之接触机会，将益加多，倘进口税率，不详察内外需给之关系，酌量增加，耶我国之农产物或其加工品，其不蹈砂糖之覆辙者几希！

我国自古以农立国，今日国富之基础，尚在农业，即将来工业发达，而仍不能专恃基础未固之工业，与先进国组织完备之工业，争胜负于世界市场中。农业为国家之命脉，亦当无异于今，则农业之应加保护，不待智者而后知矣。是故我国今日宜革新关税制度，对内将文明各国所唾弃之出口税及各种厘捐，一扫而空之，俾农产物得自由流通，以促生产之增加；对外则创行谷物关税，并对于其他农产物及其加工品，酌增税率，以防患于未然。此则研究关税问题者所宜注意及之也。

图书在版编目（CIP）数据

农业经济学／许璇著 . —北京：中国农业出版社，
2020.10（2021.4 重印）
（中国农业大学经济管理学院文化传承系列丛书）
ISBN 978-7-109-26526-4

Ⅰ．①农…　Ⅱ．①许…　Ⅲ．①农业经济学　Ⅳ．
①F30

中国版本图书馆 CIP 数据核字（2020）第 014342 号

农业经济学
NONGYE JINGJIXUE

中国农业出版社出版
地址：北京市朝阳区麦子店街 18 号楼
邮编：100125
责任编辑：闫保荣
版式设计：韩小丽　　责任校对：沙凯霖
印刷：北京中兴印刷有限公司
版次：2020 年 10 月第 1 版
印次：2021 年 4 月北京第 2 次印刷
发行：新华书店北京发行所
开本：700mm×1000mm　1/16
印张：11.25
字数：135 千字
定价：50.00 元